Typenkompass

Rudolf Höfling

Tupolew

Flugzeuge seit 1922

Motor
buch
Verlag

Einbandgestaltung: Sven Rauert

Eine Tupolew ANT-7 in der Arktis. (Foto: via Dipl.Ing. Jerzy Butkiewicz); Tupolew Tu-95 »Bear« (Foto: via Dipl.Ing. Jerzy Butkiewicz); Tupolew Tu-22 »Blinder«(Foto: via Dipl. Ing. Jerzy Butkiewicz); Tupolew Tu-160 »Blackjack« (Foto: Kongelige Norske Flyvåpen via Erich Strobl)

Bildnachweis und Dank:

Sofern bei den Fotos nicht anders vermerkt, stammen die Bilder vom Autor bzw. aus dessen Archiv.

Der Autor bedankt sich bei den nachstehend angeführten Herren Wilfried Bergholz, Dipl. Ing. Jerzy Butkiewicz, die ihn mit Informationen unterstützt haben sowie bei den Herren Wilfried Bergholz, Detlef Billig, Dipl.Ing. Jerzy Butkiewicz, Tapio Huttunen, Laszlo Javor, Thomas Posch, Erich Strobl und Harold Thiele, die Fotos zur Verfügung stellten.

ISBN 978-3-613-03459-4

1. Auflage 2012

Sie finden uns im Internet unter www.motorbuch-verlag.de

Lektorat: Alexander Burden
Innengestaltung: WS – WerbeService Linke, 76185 Karlsruhe
Druck und Bindung: Appel & Klinger Druck und medien GmbH, 96277 Schneckenloh
Printed in Germany

Inhalt

Firmengeschichte auf einen Blick

Andrej Nikolajewitsch Tupolew zeichnete für mehr Flugzeugtypen verschiedenster Aufgabenbereiche verantwortlich als jeder andere Konstrukteur der Luftfahrtgeschichte. Von jungen Jahren an bis ins fortgeschrittene Alter war er als Flugzeugkonstrukteur und Leiter seines Werkes aktiv und unter seiner Schirmherrschaft entwickelten auch junge Ingenieure wie Alexander Alexandrowitsch Archangelski, Wladimir Michailowitsch Mjasitschew, Wladimir Michailowitsch Petljakow und Pawel Osipowitsch Suchoi ihre ersten Projekte, bevor sie ihre eigenen Konstruktionsbüros eröffneten. Tupolew baute mit der ANT-2 das erste Ganzmetallflugzeug und mit der Tu-144 das erste Überschall-Passagierflugzeug der Sowjetunion. Seine Konstruktionen stellten bis zum Ende des 20. Jahrhunderts insgesamt 78 Weltrekorde auf und führten 28 bemerkenswerte Langstreckenflüge durch.

A. N. Tupolew wurde nach dem Julianischen Kalender am 29. Oktober 1888 in Pustomazowo, einem Dorf nahe der Stadt Kimry, ca. 150 km nördlich von Moskau, als sechstes von sieben Kindern geboren. Als im Feburar 1918 in Russland der bis dahin verwendete Julianische gegen den genaueren Gregorianischen Kalender ausgetauscht wurde, änderte sich Tupolew's Geburtsdatum auf den 10. November 1888. Sein Vater Nikolai Iwanowitsch Tupolew, der während seines Studiums der Rechtswissenschaften in Moskau in Studentenunruhen verwickelt war und seither von den Behörden beobachtet wurde, gab nach einiger Zeit seinen Posten am Gerichtshof von Twer auf und zog sich in die Landwirtschaft zurück. Dieses »Erbe« sollte Andrej N. Tupolew im Laufe seines Lebens noch verfolgen. In seiner Kindheit erwies er sich als talentierter Modellbauer, der auch Möbel für seine Familie

Der Wechsel des Rad- auf ein Schifahrwerk bei der Tupolew ANT-6A der Aviaarktika wurde von offiziellen Stellen als »einfach« bezeichnet.

– die sein Talent unterstütze – entwarf und baute. Als der junge Andrej mit 13 Jahren ins Gymnasium von Twer eintrat, konstatierten ihm seine Lehrer allerdings keinerlei besonderen Talente, ausgenommen ein Interesse für Astronomie. Als er das Gymnasium im Sommer 1908 abschloss, trug er sich für Kurse in der Moskauer Kaiserlichen Technischen Hochschule (Imperatorskoe Moskovskoe Tekhnicheskoe Uchilische) und dem Institut für Eisenbahningenieure ein. Ein Gastvortrag über Aerodynamik, den Prof. Nikolai Jegorowitsch Schukowski im Herbst 1909 an der Technischen Universität hielt, sorgte für solch große Begeisterung bei vielen Studenten, dass die Aerodynamik einige Monate später als eigene Studienrichtung etabliert wurde und im April 1910 zu der ersten, von den Studenten organisierten Luftfahrtausstellung in den Räumen der Technischen Universität in Moskau führte. Nun wusste Andrej N. Tupolew genau, was er studieren wollte und gemeinsam mit seinen Kommilitonen baute er einen Gleiter, der durch die Gewichtsverlagerungen des Piloten gesteuert wurde. Im Frühjahr 1911 wurde seine Arbeit allerdings jäh unterbrochen als man Tupolew beschuldigte, eine verbotene politische Gruppierung zu unterstützen und ihn am 14. März desselben Jahres verhaftete. Nur den hartnäckigen Bemühungen seines Mentors Prof. Schukowski war es zu verdanken, dass Tupolew am Begräbnis seines Vaters am 21. April 1911 teilnehmen durfte. Später wurde er aus der Haft entlassen unter der Auflage, in seinem Heimatdorf Pustomazowo zu bleiben. Die nächsten Monate verbrachte Tupolew mit dem Versuch, bei der Technischen Universität in Moskau sein Studium fortsetzen zu dürfen. Dies wurde ihm Ende 1912 auch gestattet, doch aufgrund der noch geltenden Auflage, sein Heimatdorf nicht zu verlassen, konnte er dieses erst im Februar 1914 wieder aufnehmen. Als im Jahr 1916 unter der Leitung von Prof. Nikolai J. Schukowski das Luftfahrt Test- und Kalkulationsbüro (der Vorläufer des TsAGI, des zwei Jahre später

Gemeinsam mit Kommilitonen der Technischen Universität in Moskau baute und flog Andrej N. Tupolew 1909/10 einen Gleiter, der durch Gewichtsverlagerung gesteuert wurde.

gegründeten Tsentralnii Aerogyrodinamicheski Institut = Staatlichen Instituts für Aero- und Hydrodynamik) entstand – welches in den folgenden Jahrzehnten beträchtlichen Anteil an der Flugzeugentwicklung in Russland hatte – wurde A. N. Tupolew zum stellvertretenden Vorstand berufen und war damit auch für die technische Ausrüstung verantwortlich. Am 11. Juni 1918 schloss Tupolew sein Studium mit einer Arbeit über die Entwicklung von Wasserflugzeugen (Gidroplan) ab, wofür er von seinem Mentor Prof. Schukowski großes Lob erhielt. Mitte des Jahres 1919 – beim TsAGI arbeiteten zu dieser Zeit bereits 33 Personen in Gruppen an sechs verschiedenen Projekten gleichzeitig – begann Tupolw an einer Brustfellentzündung zu leiden. Seine behandelnden Ärzte erkannten darin den Beginn einer Tuberkolose und empfahlen ihrem Patienten den sofortigen Umzug in ein besseres Klima, da die Krankheit damals

Erst im Jahr 1955 wurde Andrej Nikolajewitsch Tupolew, der sowohl im zaristischen als auch im kommunistischen Russland zu Unrecht eingesperrt war, von der Justiz seines Landes vollkommen rehabilitiert.

nicht heilbar war. Deshalb übersiedelte Tupolew noch im selben Herbst auf die Krim, wo er bis zum Spätherbst 1920 in einem Sanatorium arbeitete. Nach seiner Rückkehr nach Moskau heiratete er Julia Nikolaewna Zheliatkowa, eine Krankenschwester, die er bereits 1914 kennengelernt hatte. Im selben Jahr war auch die Imperatorskoe Moskovskoe Tekhnicheskoe Uchilische unter neuer poltischer Führung in Moskovskoe Visschee Tekhnicheskoe Uchilische (Moskauer Höhere Technische Hochschule) umbenannt worden und Andrej N. Tupolew hielt dort Ende des Jahres einen Vortrag über die Grundlagen aerodynamischer Berechnungen. Am 5. April 1921 wurde Tupoelw erneut zum Stellvertreter Prof. Nikolai Jegorowitsch Schukowski's bestellt und begann mit Entwicklungsarbeiten an leichten Metallen für den Flugzeugbau. Bei den nun folgenden Versuchen mit verschiedenen Legierungen wurde bald klar, dass Duraluminium – eine Legierung aus Aluminium, Kupfer und Magnesium, welche sich durch große Härte, Zähigkeit und Korrosionsbeständigkeit auszeichnete – für den Flugzeugbau am geeignetsten war. Diese Arbeiten wurden ausschlaggebend für fast alle seiner nachfolgenden Flugzeugentwicklungen und er wurde deshalb in den ersten Jahren auch wiederholt mit großen Widerständen seitens der Vertreter des Holzflugzeugbaus und der Holzindustrie konfrontiert. Als Ergebnis seiner Forschungen stellte eine metallurgische Fabrik in Kolchuginsk im Sommer 1922 die ersten Leichtmetallbarren her und bereits am folgenden 22. Oktober gründete Tupolew mit der Kommission für die Konstruktion von Ganzmetall-Flugzeugen eine neue Abteilung des TsAGI. Als sellvertretender Vorstand dieses Forschungsinstituts war er auch für die Abteilung AGOS (Aviatsji Gidroaviatsji i Opytnykh Samoljetov = Luftfahrtabteilung für Wasser- und Experimentalflugzeuge) verantwortlich. In der ersten Hälfte der 1920er Jahre war Andrej N. Tupolew in unterschiedlichen Bereichen sehr aktiv, denn neben seinen ersten Flugzeugen entwarf er gleichzeitig auch Schnellboote, Motorschlitten und ein Luftschiff.

Abgesehen von seinem Luftschiff »Moskovskoi chimikriezinschchik« trugen alle Projekte Tupolew's zu Lande, zu Wasser und in der Luft seine Initialen »ANT« bzw. »A.N.T.« sowie fortlaufende Nummern und haben nichts mit den Flugzeugkonstuktionen von Oleg Konstantinowitsch Antonow zu tun, der durch seine Entwürfe mit der Abkürzung »Ant« erst nach dem Ende des Zweiten Weltkrieges einer breiteren Öffentlichkeit bekannt wurde.

So begann Tupolew im Oktober 1920 mit der Arbeit an einem Schnellboot, welches noch überwiegend aus Holz gebaut war, im Herbst 1922 erprobt wurde und dem weiterentwickelte Versionen folgten, die mit Torpedos bewaffnet auch im Spanischen Bürgerkrieg und im Zwei-

Josef Stalin nach der Besichtigung einer Tupoelw TB-3. Die Veröffentlichung dieses Fotos war zur Regierungzeit des Diktators verboten, da darauf seine Unsicherheit beim Verlassen des Großbombers zu erkennen sein soll.

Amphibische Tupolew-Motorschlitten wurden bis in die 1980er Jahre hergestellt und weltweit verkauft. Foto: via Dipl.Ing. Jerzy Butkiewicz

Im Westen wenig bekannt wurden Tupolews ferngelenkte Raketen bzw. Drohnen, die in den 1970er und 80er Jahren in großen Stückzahlen gebaut wurden – im Bild eine taktische Aufklärungsrakete Tu-143. Foto: via Dipl.Ing. Jerzy Butkiewicz

ten Weltkrieg zum Einsatz kamen. Im Jahr 1921, als Tupolew mit den Arbeiten an seinen Schnellbooten – die in der westlichen Literatur auch als »Torpedoboote« und »Torpedokutter« bezeichnet wurden – begann, erwickelte er auch einen propellergetriebenen Motorschlitten für die RKKA (Raboch Krestjanski Krasno Armia = Rote Armee der Arbeiter und Bauern), dem in den folgenden Jahren ebenfalls verschiedene weitere solcher Schlitten folgten. Im September 1924 entwarf Andrej N. Tupolew einige Versuchsmodelle von Luftschiffsektionen, die zwei Jahre später zu dem Luftschiff »Moskovskoi chimikriezinschchik« führten.

Parallel zu diesen Arbeiten entwickelte A. N. Tupolew seine Flugzeuge und im Jahr 1925 besuchte er erstmals Flugzeugwerke in Deutschland, Frankreich und in einigen weiteren Ländern, wo man damals noch – wie auch Tupolew selbst – mit Korrosionsproblemen der Leichtmetalle für den Flugzeugbau zu kämpfen hatte. Nach seiner Rückkehr in die Heimat hielt er die Andoisation[1],wie er sie in Großbritannien gesehen hatte, für seine Zwecke als effizienteste Maßnahme zur Korrisionsvermeidung – und diese Methode wurde bald zur Norm beim russischen Flugzeugbau. Weitere Auslandsreisen führten Tupolew durch halb Europa und 1930 bis in die Vereinigten Staaten von Amerika. Als Chefkonstrukteur der AGOS wurde er zur dieser Zeit auch mit den Vorbereitungen zur Gründung der ZOK (Zavod Opijnikh Konstruktsii = Fabrik für Experimentelle Konstruktionen) beauftragt.

Im Jahr 1931 beschloss die sowjetische Führung jedoch, ihre Luftfahrtindustrie zu reorganisieren und bestellte Sergej Wladimirowitsch Iljuschin zum Vorstand der experimentellen Luftfahrtabteilung des TsAGI – und Tupolew zu dessen Stellvertreter. In den folgenden Wochen der Reorganisation wanderte die Zuständigkeit für die Luftfahrtindustrie von einem Ministerium zum anderen und so sah sich Andrej N. Tupolew nur vier Monate später zum Leiter dieser Abteilung befördert.

In dieser Zeit sorgten Tupolew's Überzeugungen aber auch für einigen Unmut bei der politischen Führung seines Landes. So war er z.B. felsenfest von der Notwendigkeit von reinen Erprobungsträgern überzeugt, die in den Augen mancher damaliger Politiker nur unnötig Zeit und Geld kosteten. Als z.B. im Jahr 1928 das Torpedoflugzeugprojekt Grigorowitsch MT-1 (Morskoi Torpedonosets) gebaut werden sollte, meinte Tupolew sinngemäß, dass man sich von der Idee verabschieden müsse, jede Flugzeugentwicklung auch in Serie zu bauen, denn der Grundgedanke einer Erprobung sei eben nur die Erprobung und niemand sei derzeit in der Lage, eine Stufe in der Evolution der technischen Entwicklung zu überspringen. Tupolew war auch kein Freund des Kopierens und Nachbauens von ausländischen Entwicklungen – dazu meinte er in seiner direkten Art in etwa: »Sie bieten uns Flugzeuge an, welche recht gute Leistungen erbringen – in anderen Worten – Entwicklungen von gestern, keine von heute und schon gar keine von morgen [...] ein solches ausländisches Flugzeug in Serie fertigen zu können kostet uns ungefähr zwei Jahre Zeit

[1] Durch das Eloxal-Verfahren (Eloxieren) wird die natürliche Oxidschicht auf Aluminium durch elektrolytische Oxidation verstärkt und verringert dadurch dessen Korrosionsanfälligkeit.

1933/34 entstand in der GAZ-22 in Moskau das größte Flugzeug der Welt, die Tupolew ANT-20 »Maxim Gorki«. Foto: via Dipl.Ing. Jerzy Butkiewicz

und am Ende besitzen wird ein technisch überholtes Flugzeug anstelle eines modernen.« Wenn sich seinem Land allerdings die Möglichkeit bot, mit einer ausländischen Entwicklung ein Sprung nach vorne zu machen, dann war Tupolew ein Befürworter des Erwerbs dieser neuen Technik. So ermutigte er im Jahr 1929 seine Regierung, die Nachbaurechte für den amerikanischen Wright Cyclone-Sternmotor zu erwerben, der nicht nur für die Lizenzfertigung der Douglas DC-3 in Form von von 6.157 PS-84 (der späteren Lisunow Li-2) wesentlich war, sondern auch die Grundlage für die Triebwerke von Arkadija Dimitrijewitsch Schwezow bildete. Weiters befürwortete er auch Lizenzbauten von wassergekühlten Hispano-Suiza V-Motoren.

Nach einer Ehrung durch die Sowjetische Akademie der Wissenschaften im Jahr 1933 wurde Andrej N. Tupolew drei Jahre später zum Chefkonstrukteur der GUAP (Glavnoe Upravlenie Aviatsonnoi Promischlennosti = Hauptabteilung für Luftfahrtindustrie) des NKTP (Narodnii Komissariat Tiazheloi Promischlennosti = Volkskommissariat der Schwerindustrie) ernannt – eine Position, die ihm große Einflussnahme auf die sowjetische Luftfahrtindustrie ermöglichte. In diesem Jahr veränderte sich aber das Leben in der Sowjetunion sehr zum Nachteil mancher ihrer Bürger, denn der seit 1929 allein regierende Josef Wissarionowitsch Dschugaschwili, genannt Stalin (Stählerner), begann in diesem Jahr mit der rücksichtslosen »Säuberung« der Kommunistischen Partei von echten und auch vermeintlichen Gegnern. In den folgenden zwei Jahren verbreitete sich in Bezug auf die Staatssicherheit bei den sowjetischen Behörden eine extreme Paranoia, bei der eine der staatlich vorgeschriebenen Meinung widersprechende Ansicht nicht nur eine Karriere beenden konnte sondern auch ein Leben. Die beabsichtigte »Ausrottung« der sogenannten »alten Garde« machte auch vor altbewährten und prominenten politischen, militärischen und

Nach knapp 60 Jahren bei Luftwaffe und Marine ist langsam das Ende der Dienstzeit der Tupolew-Tu-20 »Bear« zu erwarten.

industriellen Kreisen nicht halt und sorgte in diesen dunklen Jahren der sowjetischen Geschichte für Angst bei der gesamten Bevölkerung. Und so war am 21. Oktober 1937 auch Andrej N. Tupolew an der Reihe – er wurde wieder einmal von der Staatssicherheit verhaftet, der Sabotage und Spionage beschuldigt und in das berüchtigte Lubianka-Gefängnis des NKVD (Narodnii Komissariat Vnutrennikh Del = Volkskommissariant für interne Angelegenheiten) gebracht. Hier erfuhr er nun auch Details der Anschuldigungen, die gegen ihn erhoben wurden. So wurde er beschuldigt, Leiter der Russisch-Faschistischen Partei zu sein, deren Hauptaufgabe die Sabotagetätigkeit in der sowjetischen Luftfahrtindustrie sei. Deshalb machte man ihn auch für den fehlgeschlagenen Nonstopflug der Tupolew ANT-25 von Moskau in die USA verantwortlich und erklärte ihn zum Volksfeind. Weiters wurde er beschuldigt, bereits seit 1924 ein französischer Spion zu sein und bei seiner Reise nach Frankreich im Jahr 1935 dem französischen Luftfahrtminister bei einem Besuch in Paris Informationen über sowjetische Jagdflugzeuge und leichte Bomber übergeben zu haben. Eine Woche nach Andrej N. Tupolew's Verhaftung wurde auch seine Gattin Julia ins Moskauer Butirskaja Gefängnis gebracht. Da sie aber die »antisowjetischen Tätigkeiten« ihres Ehegatten nicht bestätigen wollte, blieb sie ca. bis zum Jahreswechsel 1939/40 in Haft, während ihre zwei Kinder von Freunden der Familie aufgenommen wurden. In den Wochen seines Verhörs im Lubianka-Gefängnis wurde Andrej N. Tupolew – im Gegensatz zu vielen anderne Häftlingen – nicht direkt gefoltert, musste sich aber auf das sogenannte »Förderband« stellen. Das bedeutete, dass er Tag und Nacht aufrecht stehen musste, während man ihm wiederholt androhte seine Frau für den Rest ihres Lebens in ein Lager und seine Kinder in ein spezielles Heim für Feinde des Volkes zu stecken, wenn er seine Schuld nicht eingestehen würde. Nach fünf Tagen und Nächten des permanenten Stehens ohne Schlaf begannen die Blutgefäße von Tupolew's Füßen aufzuplatzen und er erklärte sich für schuldig an allen vorgeworfenen Taten. Danach wurde er in die Zelle Nr. 58 des Moskauer Butirskaja Gefängnisses verlegt, die er sich mit 40 anderen Häftlingen teilen musste. Eine der »geringeren« Sanktionen gegen Andrej N. Tupolew in

diesen Wochen war das Verbot, bei seinen Konstruktionen die seit 1920 wohlbekannte Abkürzung ANT verwenden zu dürfen.
Tupolew's Verhaftung und die wenigen Informationen über seine Verhöre die nach außen drangen, nährten die Gerüchteküche auf den Straßen Moskaus, die schließlich von technischen Zeichnungen eines Bombers berichteten, die mit der ANT-25 nach Deutschland geschmuggelt und dort an die Messerschmitt Werke verkauft worden waren.
Im Februar 1939 verlegte man Tupolew in das Lager Bolschewo bei Moskau, wo man alle inhaftierten Konstrukteure und Techniker der Rüstungsindustrie zusammenfasste, die alle unter Aufsicht weiter für den Staat arbeiten sollten. In diesem Lager, in dem eine eigene Baracke als Konstruktionsbüro eingerichtet wurde, traf Andrej N. Tupolew eine Reihe alter Bekannter und Kollegen wieder. Unter seinen neuen Mithäftlingen befanden sich u.a. die Flugzeugkonstrukteure Roberto L. Bartini, Wladimir M. Mjasitschew, Josif G. Njeman, Wladimir M. Petljakow sowie eine Reihe früherer Mitarbeiter beim TsAGI.
Der Prozess gegen A. N. Tupolew fand – da seine Schuld ja »außer Frage« stand – in dessen Abwesenheit am 28. Mai 1940 statt und er wurde zu 15 Jahren Gefängnis und fünf Jahren der Entziehung seiner bürgerlichen Rechte verurteilt. Dennoch schlug man ihm vor, einen neuen Bomber zu entwickeln und Tupolew begann daraufhin mit den Arbeiten am Flugzeug 58, das schließlich zum zweimotorigen Schnellbomber Tu-2 führte. Bei einer Vorsprache bei Lawrenti Pawlowitsch Berija, dem Leiter des NKVD meinte dieser jedoch, dass ein zweimotoriger Schnellbomber wie von Tupolew vorgeschlagen nicht notwendig sei und man einen viermotorigen Sturzkampfbomber benötige.
Auch auf das Risiko hin, dass er von diesem Auftrag abgezogen werden und sein Leben möglicherweise in einem Bergwerk beenden würde, konnte A. N. Tupolew seinen Überzeugungen nicht untreu werden und in einem Bericht versuchte er seiner politischen Führung die Notwendigkeit eines wendigen, billigen Frontbombers klar zu machen. Überraschenderweise konnte er seine Meinung schließlich durchsetzen und mit den Arbeiten am Flugzeug 58 beginnen. Trotz der ungerechten Behandlung und der Ablehnung des herrschenden politischen Systems durch viele seiner Mitarbeiter machte das Projekt Fortschritte und der Erstflug des Prototyps 58 erfolgte Ende Januar 1941.
Der Schutz der Heimat gegen eine Bedrohung von außen vereinte die Bemühungen der meisten Techniker und ließ alle negativen Umstände zweitrangig erscheinen.
Als die Tu-2 im Jahr 1943 an der Front erschien und sich dort bewährte, wurden Andrej N. Tupolew und 20 seiner Mitarbeiter vorzeitig freigelassen – jedoch nicht freigesprochen. Erst im Jahr 1955 wurde er endgültig rehabilitiert.
Bereits ein Jahr davor trat auch sein einziger Sohn Aleksei Andrejewitsch Tupolew in die Fußstapfen seines Vaters und begann beim OKB 156 Tupolew (Opytno Konstruktorskoe Buro = Experimentelles Konstruktions- oder Entwicklungsbüro) ebenfalls als Flugzeugingenieur zu arbeiten. Andrej N. Tupolew, unter dessen oberster Leitung eine Reihe hervorragender Konstrukteure arbeiteten, die später zum Teil ihre eigenen OKB's gründeten, betrachtete sich immer als »Dirigent vieler exzellenter Solisten«.
Im Dezember 1972 erkrankte Andrej N. Tupolew überraschend und kam daraufhin in ein Krankenhaus, wo er bereits am 22. desselben Monats verstarb. Es ist bezeichnend für die Schizophrenie von absolutistischen Regierungssystemen – ob von einem Zaren oder von einem Diktaktor geführt – sich permanent von äußeren und inneren Feinden bedroht zu fühlen, so dass A. N. Tupolew zweimal in seinem Leben als Spion – einmal als Kommunist und einmal als Faschist – unschuldig eingekerkert wurde. Als er aber ca. ab 1940 von seiner Regierung gebraucht wurde, bediente man sich sehr wohl seiner Talente und in den folgenden Dekaden wurde er vom »Verbrecher« zum Hel-

den, der in den letzten Jahrzehnten seines Lebens fünfmal mit Stalin- und Staatspreisen sowie einmal mit dem Leninpreis ausgezeichnet wurde und auch den Titel »Held der sozialistischen Arbeit« verliehen bekam. Nach dem Tod seines Vaters trat noch im selben Jahr sein Sohn Aleksei Andrejewitsch Tupolew die Nachfolge als Generalkonstrukteur und bald darauf als Generaldirektor des OKB 156 an. In den wirtschaftlich schwierigen 1970er und 80er Jahren wurden aufgrund von Sparmaßnahmen in der Sowjetunion nur wenige neue Entwicklungsaufträge vergeben. In dieser Zeit entstanden nur der Überschallbomber Tupolew Tu-160 und das Passagierflugzeug Tu-204 – ähnlich wie bei seinem Vater – unter Alexei A. Tupolew's oberster Leitung. Im Jahr 1977 schien in westlichen Quellen erstmals der Name OKB Alexei A. Tupolew auf, aber 1992 wurde Alexei A. Tupolew durch den Vorstand seines Postens als Generaldirektor enthoben, verblieb jedoch als Generalkonstrukteur weiterhin beim Werk. Im Jahr 2000 schließlich wurde das OKB in die OAO (Oktritoje Aktioniernoje Obschchiestwo = Offene Aktiengesellschaft Tupolew) umgewandelt und sechs Jahre später wurde die AG dann Teil des russischen Luftfahrtkonsortiums OAK (Obedinjonnaja Aviastroitelnaja Korporazija = Vereinigte Flugzeug Gesellschaft).
Es ist für die meisten im Westen aufgewachsenen Menschen kaum nachvollziehbar, dass sich zwischen dem Beginn des Kalten Krieges bis kurz vor der »Wende« verschiedene sowjetische Regierungen wiederholt von der westlichen Militärmacht tatsächlich ernsthaft bedroht fühlten und noch bis in die 1980er Jahre von einem atomaren Erstschlag seitens der NATO ausgingen. Nach der Kuba-Krise im Jahr 1962 sind bisher zwei Fälle bekannt geworden, bei denen die Welt nur knapp an einem Konflikt der Supermächte vorbeischrammte – und die nur durch das besonnene Handeln einiger weniger Angehöriger der sowjetischen mittleren Führungsebene vermieden wurden. Diese offenbar permanente Angst vor der Bedrohung durch den Westen führte trotz des immer gigantischer werdenen Kostenaufwands zur Entwicklung immer neuerer und leistungsfähiger Flugzeuge und Lenkwaffen, wie der geneigte Leser auf den folgenden Seiten dieses Buches noch sehen wird. Neben den zahlreichen Flugzeugtypen entwarf das OKB 156 Tupolew noch viele weitere Flugzeugprojekte, die aber nie über das Planungsstadium hinauskamen. Alle diese nicht realisierten Projekte wurden in diesem Typenkompass aus Platzgründen nicht erfasst. Aus dem gleichen Grund mussten nachträglich leider auch einige Kapitel gekürzt werden. Die verwirklichten Projekte des OKB Tupolew hingegen sind chronologisch nach ihrem Erstflugsdatum oder nach ihrer Vorstellung in der Öffentlichkeit gereiht.

Produktionszahlen

»Moskovskoy chimik-riezinshchik« (Luftschiff)	1
ANT-1	1
ANT-2	7
ANT-3/R-3/PS-3	109
ANT-4/TB-1/G-1	216
ANT-5/I-4	349
ANT-7/PS-9	131
ANT-7/R-6/PS-7	435
ANT-10/R-7	1
ANT-13/I-8	1
ANT-6/TB-3/G-2	819
ANT-8/MDR-2	1
ANT-14	1
ANT-23/I-12	1
ANT-31/I-14	20 oder 22
ANT-25/RD/ANT-36/RDD/DB-1	15 + 1 Replik
ANT-16/TB-4	1
ANT-21/MI-3	2
ANT-27/MDR-4/MTB-1	17
ANT-20/MG	2
ANT-22/MK-1	1
ANT-40/SB/PS-40/PS-41/USB	6.942
ANT-29/DIP	1
ANT-37/DB-2	4 oder 5
ANT-46/DI-8	1
ANT-41/T-1	1
ANT-35/PS-35	21
ANT-42/TB-7	2
ANT-44/MTB-2	2
ANT-51	2
58/103/FB/Tu-58	1
59/60/103U/103V/103VS	22
61/62/63/65/67/68/69/104/SDB/UTB/ Tu-1/Tu-2/Tu-6/Tu-8/Tu-10	2.527
Tu-70	1
Tu-4/B-4/64	847
Tu-12	5
Tu-73	2
Tu-78	1
Tu-22/Tu-82	1
Tu-14/Tu-79/ Tu-81/Tu-89	zwischen 89 und ca. 550
Tu-80	1
Tu-85	3
Tu-16/Tu-88/H-6	ca. 1.640
Tu-20/Tu-95/Tu-114D/Tu-142	ca. 400
Tu-96	1
Tu-116	2
Tu-91	1
Tu-104	203
Tu-107	1
Tu-98	2
Tu-110	5
Tu-114	31
Tu-126	ca. 12
Tu-22	ca. 400
Tu-124	mehr als 120
Tu-128	mehr als 120
Tu-134	853
Tu-154	996 bzw. 995
Tu-155	1
Tu-144	16
Tu-106	1
Tu-22M	497
Tu-160	35 +
Tu-204/Tu-214	70 +
Tu-206	1
Tu-216	1
Tu-24	1 (mock-up)
Tu-334	2

Im Jahr 1910 begann Andrej N. Tupolew mit seinen aerodynamischen Studien und baute mit einigen Studienkollegen einen Gleiter, der den Theorien Otto Lilienthals folgte und durch die Gewichtsverlagerung des Piloten gesteuert wurde – so wie es bei den heutigen modernen Hängegleitern ebenfalls der Fall ist. Die Flugerprobung dieses Gleiters erfolgte 1910 im Moskauer Lefortwo Park und eine Fotografie aus diesem Jahr zeigt A. N. Tupolew als Pilot. Im August 1919 entschied der sowjetische Rat für Arbeit und Verteidigung, für die RKKA Motorschlitten zu beschaffen. Für die Entwicklung und den Bau dieser Schlitten wurde eine eigene Kommission gebildet, deren Vorsitz Andrej N. Tupolew übernahm. Der erste Typ dieser Motorschlitten wurde 1921 fertiggestellt und besaß, da er in Gemischtbauweise ausgeführt wurde, eine Reihe von Konstruktionsmerkmalen des zukünftigen Metallflugzeugbaus. Dieser Zweisitzer erhielt die Bezeichnung ANT-I (römische Ziffer) und als Antrieb diente ein 38 PS leistender, in Lizenz gebauter Anzani-Motor. Der nachfolgende größere ANT-II, angerieben von einem 115 PS Clerget-Rotationsmotor verfügte über eine Zuladung von 480 kg. Im Februar 1923 erschien der ANT-III, angetrieben von einem 80 PS Gnôme-Rhône-Motor, dem im Januar 1924 der fünfsitzige ANT-IV und der Dreisitzer ANT-V nachfolgten, ausgstattet Schwetzow M-11- und Bristol Lucifer-Sternmotoren von je 100 PS Leistung. Nach der Abnahme der Schlitten durch die Behörden wurde deren Serienfertigung in Kolchuginsk aufgenommen, da dort das für die Produktion benötigte Leichtmetall Duralumin[2] erzeugt wurde. Im Jahr 1926 erschien der ANT-VI und zwei Jahre später wurde ein ANT-IV bei der Internationalen Automobilausstellung 1928 in Berlin gezeigt. Ab dem Jahr 1933 lief auch in Leningrad (dem

Ein Motorschlitten Tupolew ANT-IV wurde 1928 bei der der Internationalen Automobilausstellung 1928 in Berlin ausgestellt. Foto: via Dipl.Ing. Jerzy Butkiewicz

[2] *Duralumin ist der handelsübliche Name für eine Legierung aus Aluminium, Kupfer und Magnesium, die sich durch große Härte, Zähigkeit und Korrosionsbeständigkeit auszeichnet.*

Amphibische Tupolew-Motorschlitten wurden bis in die 1980er Jahre gebaut und von staatlichen und privaten Betreibern eingesetzt. Foto: via Dipl.Ing. Jerzy Butkiewicz

heutigen St. Petersburg) die Serienproduktion von Tupolew's Motorschlitten an und 1934 folgte der ANT-VII. Diese Motorschlitten wurden in den folgenden Jahrzehnten von der Roten Armee oft verwendet – sowohl bei Expeditionen in der Arktis und im Fernen Osten als auch im Finnischen Winterkrieg 1939-40 und im »Großen vaterländischen Krieg« von 1941-45. Ab 1961 übernahm G. Makhotkin die Entwicklung der Tupolew-Motorschlitten und entwickelte unter der Bezeichnung AZ amphibische Versionen, die ohne Modifikationen in allen Klimazonen der Erde eingesetzt werden können. So wurden von der Variante Tupolew A-3 »Nadezha« (»Hoffnung«) zwischen 1961 und 1983 über 800 Exemplare fertiggestellt und stehen teilweise auch heute noch im Einsatz. Bei seinen Studien an der Imperatorskoe Moskovskoe Tekhnicheskoe Uchilische lernte Andrej N. Tupolew auch die hydrodynamischen Bedingungen zwischen Wasser und darin fahrender Fahrzeuge kennen und als Vorstufe zu seinem geplanten ersten Wasserflugzeug begann er Boote zu entwerfen. Im Oktober 1920 entwickelte er ein Schnellboot, welches im Herbst 1922 fertiggestellt wurde. Noch im selben November testete er auf der Moskwa persönlich den als ANT-1 bezeichneten Prototyp. Angetrieben von einem 160 PS leistenden Motor erreichte das Boot dabei eine Höchstgeschwindigkeit von 75 km/h. Im Juni 1923 begann Tupolew mit seinen Arbeiten an dem Boot ANT-2, welches komplett aus Metall gebaut wurde und dessen anfangs eingebauter 30 PS-Motor eine Maximalgeschwindigkeit von 40 km/h ermöglichte. Später wurde ein Triebwerk mit 75 PS Leistung eingebaut und die ANT-2 als Verkehrsboot auf der Wolga zwischen Tscheboskary und Wasilsursk eingesetzt. Im selben Jahr wurde A. N. Tupolew mit der Entwicklung eines zweimotorigen Torpedo-Schnellbootes beauftragt, wobei die wichtigste Bedingung war, dass es schneller zu sein hatte, als die im Bürgerkrieg erbeuteten britischen Schnellboote. Als Ergebnis dieses Auftrages wurde im März 1927 die GANT (Gidro ANT = Hydro ANT) bzw. ANT-3 fertiggestellt, welche auch als »Prevenets« (»Erstgeborener«) bezeichnet wurde. Mit einer Wasserverdrängung von 8,9 t war die GANT-3 das erste aus Duraluminium gebaute Schnellboot für die offene See und wurde noch im selben Frühjahr im neu gegründeten Testzentrum

Das G-5/ANT-5 war mit zwei 53,3 cm Torpedorohren bewaffnet und wurde nach dem Spanischen Bürgerkrieg auch im »Großen vaterländischen Krieg« eingesetzt. Foto: via Dipl.Ing. Jerzy Butkiewicz

Das G-5-Schnellboot war mit 329 Exemplaren das meistgebaute Torpedoschnellboot der Voenno-Morskoi Flota.
Foto: via Dipl.Ing. Jerzy Butkiewicz

Der 2.400 m³ große »Moskovskoy chimik-riezinshchik« war Andrej N. Tupolew's einziges Luftschiff und flog erstmals im Juni 1926. Foto: via Dipl.Ing. Jerzy Butkiewicz

für Schiffe und Boote in Sewastopol am Schwarzen Meer erprobt. Das Schnellboot wurde von einer vierköpfigen Besatzung gesteuert, verfügte über eine Funkanlage und war mit zwei 45,0 cm Torpedos, zwei Minen und zwei 7,62 mm Maschinengewehren bewaffnet. Kurzzeitig erreichte es mit seinen beiden 600 PS leistenden Wright Cyclone Neunzylinder-Sternmotoren eine Höchstgeschwindigkeit von 92 km/h und hatte eine Reisegeschwindigkeit von 55 km/h. Vom nachfolgenden Typ ANT-4 (Sch-4) wurden zwischen 1927 und 1931 insgesamt 95 Exemplare gebaut und ab April 1928 bei der Voenno-Morskoi Flota (Sowjetische Kriegsmarine) in Dienst gestellt. Vom danach gebauten, 17,8 t großen Schnellboot G-5/ANT-5 welches zwei 53,3 cm Torpedos, vier Minen und zwei 7,62 mm MGs mitführen konnte, wurden ab 1933 zehn Jahre lang insgesamt 329 Exemplare hergestellt. Eine Reihe dieser Boote wurden ab Mai 1937 von den Republikanern im Spanischen Bürgerkrieg eingesetzt und danach natürlich von der V-MF (Voenno-Morskoi Flota) auch im Zweiten Weltkrieg. Die Weiterentwicklungen G-6 (86,0 t) und G-8 (31,3 t) wurden ab1933 bzw.1936 in geringeren Stückzahlen gebaut.
Während seiner Zeit beim Zentrales Institut für Aero- und Hydrodynamik entwarf Andrej N. Tupolew als Modelle auch einige Sektionen für Luftschiffe, z.B. eine Gondel für vier Personen für das 2.400 m³ große, unstarre Luftschiff »Moskovskoi chimik-riezinschchik« (»Moskauer Chemiearbeiter«), welches danach in Moskau gebaut wurde und am 14. Juni 1926 erstmals abhob. In den Jahren 1931 und 32 entwickelte das TsAGI unter seiner Leitung weitere Luftschiffgondeln, Motorhalterungen und diverse Ausrüstungsteile für nachfolgende Luftschiffe anderer Hersteller.

Die taktische Aufklärungsrakete Tupolew Tu-123 mit dem Aufklärungssystem »Jastreb« landete nach Erfüllung ihrer Aufgabe mittels eines Fallschirms und konnte auf diese Weise wiederverwendet werden. Foto: via Dipl.Ing. Jerzy Butkiewicz

Mitte der 1950er Jahre fanden in der weltweiten militärischen Strategie vermehrt unbemannte Flugobjekte ihren Platz und auch die Militärs der Sowjetunion forcierten den Einsatz solcher Lenkwaffen und Raketen. Aleksei A. Tupolew, der Sohn des Firmengründers, der 1949 seinen Abschluß am Moskauer Luftfahrt Institut gemacht hatte und seither in der aerodynamischen Abteilung des OKB seines Vaters arbeitete, wurde 1958 als Vorstand einer neugegründeten Abteilung mit der Entwicklung und dem Bau von unbemannten Raketen für Aufklärungs-, Angriffs- und Weltraumaufgaben betraut. Sein erstes Projekt mit der Bezeichnung 121 war eine Interkontinentalrakete für die strategische Kriegsführung, startete unter der Bezeichnung S im Jahr 1959, blieb aber ein Prototyp. Der nachfolgende Lenkflugkörper Projekt 123, I123K bzw. DBR-1 (in manchen Quellen auch als Tu-123 bezeichnet) aus dem Jahr 1960 war eine strategische Aufklärungsdrohne, vergleichbar der amerikanischen Lockheed D-21, die raketenunterstützt von mobilen Startern aus gestartet, auf einem vorprogrammierten Kurs Daten sammeln und per Funk an eine Bodenstation übermitteln konnte. Nach der Beendigung ihres Auftrages landete die 123 mittels eines Fallschirms und konnte zur Wiederverwendung geborgen werden. Die Reichweite dieses 36,8t schweren Aufklärungsflugkörpers betrug 3.650 km, die maximale Flughöhe 19.000 m und er erreichte, angetrieben von einem Tumanski KR-15-300 Strahltriebwerk mit Nachbrenner, eine Höchstgeschwindigkeit von 2.700 km/h. Zwischen 1964 und 1972 wurden 52 dieser Drohnen gebaut. Ende der 1950er Jahre begannen auch die Arbeiten am Projekt 130, welches die nuk-

Start einer Tupolew Tu-143 »Reis« vom Transportsystem »Polygon«. Eine Reihe von Tu-143 wurden später zu Zieldrohnen M-143 umgebaut. Foto: via Dipl. Ing. Jerzy Butkiewicz

Die mobile Aufklärungsdrohne Tu-141 wurde mit dem Aufklärungssystem »Strizh« ausgerüstet und wurde bis 1980 gebaut. Foto: via Dipl.Ing. Jerzy Butkiewicz

leare Endstufe einer ballistischen Mittelstreckenrakete war. Nach fünf gebauten Mustern wurde das Projekt am 5. Februar 1960 durch einen Beschluß des Ministerrates gestoppt und alle Unterlagen dem KB (Konstruktorskoe Buro = Konstruktions- oder Entwicklungsbüro) von Wladimir Nikolajewitsch Tschelomej übergeben. Dem Samoljet 130 folgte das Projekt 139, ebenfalls eine strategische Aufklärungsrakete und Weiterentwicklung der 123, welche die militärische Bezeichnung DBR-2 erhielt und mit dem elektronischen Aufklärungssystem »Jastreb« (»Falke«) ausgerüstet war. Auch die 139 war wiederverwendbar und ihr einziger Prototyp flog erstmals im Juli 1968. Die größte Serienfertigung dieser Lenkwaffen betraf jedoch das nachfolgende Projekt 143, eine taktische Aufklärungsrakete, von welcher zwischen 1973 und 1989 insgesamt 950 Exemplare gefertigt wurden. Die 143 war mit dem Aufklärungssystem »Reis« (»Flug«) ausgerüstet, erreichte mit ihrem Tumanski KR-17A bzw. TRZ-117 Strahltriebwerk je nach Flughöhe eine Höchstgeschwindigkeit zwischen 850 und 950 km/h und war in Höhen zwischen 50 und 3.000 m einsetzbar. Neben der V-VS (Voenno-Vozduschni Sili = Sowjetische Luftwaffe) wurde diese Lenkwaffe auch von den Streitkräften Bulgariens, des Iraks, Nordkoreas, Rumäniens, Syriens (1982 im Krieg mit dem Libanon) und als VR-3 auch von der Tschechoslowakei bzw. deren Nachfolgestaaten, der Tschechischen und der Slowakischen Republik, verwendet. Als nächste Aufklärungsdrohne folgte das zwischen 1979 und 1980 in 152 Exemplaren gefertigte, ebenfalls mobile Projekt 141 (Tu-141), welches mit dem elektronischen Aufklärungssystem »Strizh« (»Mauersegler«) ausgerüstet war und bei einer Reichweite von 1.000 km in Flughöhen zwischen 50 und 6.000 m arbeitete. Ihr KR-17A Triebwerk leistete 2.000 kg Schub und brachte die 6.215 kg schwere Rakete auf eine Maximalgeschwindigkeit von 1.100 km/h. Mitte der 1980er Jahre wurde bei den sowjetischen Streitkräften eine aus der Tu-143 entwickelte Zieldrohne als M-143 in Dienst gestellt und Ende der 1980er Jahre erschien die Tu-243 »Reis-D«, weiterentwickelt aus der Tu-143, mit einem 25 cm längeren Rumpf und einem leistungsfähigeren Tumanski TR3-117 Triebwerk. Als vorerst letzte im Westen bekannt gewordene Aufklärungsdrohne aus dieser Reihe erschien 1995 die mobile Aufklärungsdrohne Tu-300 Korschun, die zwar auf ihren Vorgängern basiert, jedoch modernste Aufklärungselektronik mitführt. Ende der 1990er Jahre wurde das Projekt zwar aus finanziellen Gründen eingestellt – im Jahr 2007 jedoch wieder aufgenommen. Von diesem Flugkörper sind drei Versionen geplant, die Tu-300U (Udarnyi = Angriff) und die beiden Tu-300 »Filin 1« und »Filin 2« für elektronische Aufklärung.

Tupolew ANT-1

Flugzeugtyp:	Tupolew ANT-1
Verwendungszweck:	Versuchs- und Sportflugzeug
Besatzung:	1
Antrieb:	ein Fünfzylinder Bristol-Anzani-Sternmotor mit 35 PS Leistung
Spannweite:	7,20 m
Länge:	5,40 m
Höhe:	1,70 m
Flügelfläche:	10,00 m²
Leergewicht:	229 kg
normales Startgewicht:	360 kg
Höchstgeschwindigkeit in Bodennähe:	135 km/h
Landegeschwindigkeit:	70 km/h
Gipfelhöhe:	400 m
Reichweite:	ca. 450 km

Die erfolgreiche Herstellung von Duraluminium als gerollte Bleche, Winkel und Zylinder in der metallurgischen Fabrik von Kolchuginsk ab dem Sommer 1922 erlaubte erstmals in der Sowjetunion die Verwendung dieses neuen Materials für den Bau von Rahmenkonstruktionen für den Flugzeugbau. Unter Ausnützung dieser neuen Möglichkeiten begann Andrej N. Tupolew in diesen Wochen mit der Konstruktion eines kleinen einsitzigen Eindeckers, dessen Duralgerüst noch konventionell mit Stoff bespannt war. »Legenden« berichten, dass Tupolew mit den ersten Arbeiten an diesem Flugzeug in einer Gaststätte nahe des Konstrutkionsbüros des TsAGI begann. Dies und der Hinweis in manchen Quellen, dass als Antrieb für die ANT-1 nur ein ziemlich abgenützter Fünfzylinder Bristol-Anzani-Sternmotor zur Verfügung stand deuten darauf hin, dass dieses Flugzeug wahrscheinlich eher ein von offizieller Seite geduldetes Privatprojekt von Tupolew war, da man bei den offiziellen Stellen noch nicht von den Vorteilen des neuen Leichtmetalls Duraluminium überzeugt war. Am 23. Oktober 1923 erfolgte ein kurzer Erstflug der ANT-1, dem sich in den folgenden Wochen weitere 20 Erprobungsflüge anschlossen. Zwar blieb die ANT-1 ein Einzelstück, bestärkte Andrej N. Tupolew jedoch in seinem Vorhaben, den Metallflugzeugbau weiterzuführen. Beim deutschen Vormarsch im Jahr 1941 wurde die ANT-1 zerstört.

Andrej N. Tupolew's erste Flugzeugkonstruktion ANT-1 flog erstmals im Oktober 1923. Im Cockpit sitzt Testpilot Jevgeni Pogosski, links von ihm mit seiner Hand auf dem Rumpf steht der Konstruteur des Flugzeuges. Foto: via Dipl.Ing. Jerzy Butkiewicz

Tupolew ANT-2

Flugzeugtyp:	Tupolew ANT-2
Verwendungszweck:	leichtes Passagier- und Transportflugzeug
Besatzung:	1
Antrieb:	ein Dreizylinder Bristol Lucifer-Sternmotor mit 100 PS Leistung
Spannweite:	10,45 m
Länge:	7,60 m
Höhe:	2,10 m
Flügelfläche:	17,80 m²
Leergewicht:	523 kg
normales Startgewicht:	837 kg
Höchstgeschwindigkeit in Bodennähe:	170 km/h
Gipfelhöhe:	3.300 m
Steigzeit auf 1.000 m:	8′ 30"
Reichweite:	700 – 750 km
Startstrecke:	350 m
Landestrecke:	150 m
Zuladung:	bis zu drei Passagiere

Basierend auf dem Erfolg der ANT-1 begann Andrej N. Tupolew mit seinem Vorhaben, als nächstes ein Ganzmetallflugzeug zu bauen, welches in der Sowjetunion das erste seiner Art werden sollte. Das nun folgende leichte Transportflugzeug ANT-2 erhielt eine Beplankung aus Wellblech und erinnerte an die deutsche Junkers K 16 aus dem Jahr 1922. Das Flugzeug konnte wahlweise mit einem Rad- oder einem Schifahrwerk ausgerüstet werden und bis zu drei Passagiere mitnehmen. Der Jungfernflug der ANT-2, angetrieben von einem 100 PS leistenden Bristol Lucifer-Sternmotor, erfolgte am 26. Mai 1924 und bereits Ende desselben Jahres waren vier weitere Exemplare fertiggestellt, denen später noch zwei Maschinen folgten. Im Verlauf der Erprobung wurde zur Erhöhung der Stabilität das Seitenleitwerk des Flugzeuges vergrößert. Eine Aufklärungsversion der ANT-2 mit einem Maschinengewehrstand auf der Rumpfoberseite war zwar geplant, wurde jedoch nicht gebaut. Allerdings wurde der Prototyp als Teil einer ansonsten aus Polikarpow R-1 bestehenden Aufklärerstaffel während der am 1. Juni 1924 abgehaltenen Luftfahrtausstellung auf dem Moskauer Flugplatz Khodinka einem breiteren Publikum vorgestellt. Die zweite Maschine wurde als Prototyp ANT-2bis, ausgerüstet mit einem 200 PS leistenden Wright-Sternmotor gebaut und danach einem eingehendem Testprogramm unterzogen. Obwohl manche Unterlagen von bis zu 20 gebauten ANT-2 sprechen, waren es nach A. N. Tupolew's Angaben nur sieben Exemplare, von denen die beiden Prototypen der ANT-2 und ANT-2bis für Testzwecke bei der Luftfahrtabteilung für Wasser- und Experimentalflugzeuge des Staatliches Instituts für Aero- und Hydrodynamik verblieben.

Die ANT-2 war das erste Ganzmetallflugzeug der Sowjetunion.

Der Prototyp der ANT-2 wird im Luftfahrtmuseum von Monino aufbewahrt.

Tupolew ANT-3 (R-3)

Knapp zwei Monate nach dem Erstflug der Tupolew ANT-2 entschied die Führung der sowjetischen Luftstreitkräfte, nun auch Ganzmetallflugzeuge als Haupttypen für ihren Flugzeugpark zu akzeptieren und die AGOS – namentlich A. N. Tupolew – wurden mit der Entwicklung eines einmotorigen Aufklärungs- sowie eines zweimotorigen Bombenflugzeuges in Ganzmetallkonstruktion beauftragt. Als Aufklärungsflugzeug entstand mit der ANT-3 ein konventionell ausgelegter Doppeldecker, welcher die militärische Bezeichnung R-3 (Razvjedchik = Aufklärung) erhielt und ausgerüstet mit einem 400 PS leistenden Mikulin M-5 V12 Motor, dem Lizenzbau des amerikanischen Liberty V12-Triebwerks, im Juli 1925 erstmals flog. Neben weiteren Erprobungs- und Propagandaflügen der R-3 machte dieser Typ im April 1926 auch einen Rundflug durch Europa, wobei ein leistungsstärkerer Napier Lion-Reihenmotor eingebaut war. Diese nun als R-3NL bezeichnete Maschine führte als erstes sowjetisches Flugzeug eine Auslandsreise durch und legte in sechs Tagen 7.150 km zurück. Sie startete in Moskau und besuchte der Reihe nach Königsberg, Berlin, Paris, Rom, Wien, Prag und Warschau, bevor sie am 2. September 1926 wieder in die sowjetische Hauptstadt zurückkehrte. Eine erste Bestellung der sowjetischen Luftstreitkräfte lautete über 30 Tupolew R-3, wobei aufgrund der teuren Kosten für die Flugzeugmotoren bei ungefähr einem Dutzend Maschinen noch vorhandene originale Liberty-Motoren und beim Rest die Lizenzversionen M-5 zum Einbau kamen. Aufgrund dieses Motorengpasses erwarb die Sowjetunion im selben Jahr in Frankreich auch 100 Lorraine-Dietrich V12-Motoren, von denen 79 Exemplare in diesem nun als R-3LD bezeichneten Aufklärer montiert wurden. Am 27. Juni 1926 erschien eine mit

Flugzeugtyp:	Tupolew ANT-3 (R-3)
Verwendungszweck:	Aufklärungsflugzeug (R-3); Post- und Verbindungsflugzeug (PS-3)
Besatzung:	2
Antrieb:	1 Liberty Zwölfzylinder-Motor mit 400 PS Leistung (R-3); 1 Mikulin M-5 Zwölfzylinder-Mo-tor mit 400 PS Leistung (R-3); 1 Napier Lion-Reihenmotor mit 450 PS Leistung (R-3NL); 1 Lorraine-Dietrich-Reihenmotor mit 450 PS Leistung (R-3LD)
Spannweite:	13,02 m
Länge:	9,42 m (mit Liberty, M-5 und Napier Lion); 9,88 m (mit Lorraine-Dietrich)
Flügelfläche:	37,00 m²
Leergewicht:	1.335 kg (mit Liberty); 1.377 kg (mit M-5); 1.390 kg (mit Napier Lion); 1.340 kg (mit Lorraine-Dietrich)
Startgewicht:	2.085 kg (mit Liberty); 2.128 kg (mit M-5), 2.144 kg (mit Napier Lion), 2.090 kg (mit Lorraine-Dietrich)
max. Startgewicht:	2.400 kg (mit Napier Lion)
Höchstgeschwindigkeit in Bodennähe:	207 km/h (mit Liberty); 194 km/h (mit M-5); 226 km/h (mit Napier Lion); 204 km/h (mit Lorraine-Dietrich); 229 km/h (mit BMW VI)
Gipfelhöhe:	4.920 m (mit Lorraine-Dietrich)
Steigzeit auf 1.000 m:	4′ 42" (mit Liberty); 3′ 54" (mit M-5); 3′ 30" (mit Napier Lion); 4′ 12" (mit Lorraine-Dietrich)
Reichweite:	880 km (mit Lorraine-Dietrich)
Startstrecke:	200 m (mit M-5); 160 m (mit Napier Lion)
Landestrecke:	140 – 180 m
Bewaffnung:	drei 7,62 mm-MGs DA; bis zu zehn 10 kg Bomben FAB-10

Der Aufklärer Tupolew R-3 konnte auch mit einem Schifahrwerk ausgerüstet werden.

Diese Tupolew R-3NL führte im Spätsommer 1926 als erstes Flugzeug der Sowjetunion einen Auslandsflug durch.

einem Mikulin M-5-Motor ausgerüstete Zivilversion der ANT-3, welche die Aufschrift »Nash otvjet« (»Unsere Antwort«) trug und zwischen dem 20. August und dem 1. September 1927 von Moskau nach Tokio flog, wobei die Maschine während des Hin- und Rückfluges in 153 Flugstunden 22.000 km zurücklegte. Als letzte Motorvariante kam im März 1929 versuchsweise bei einer R-3 auch ein 730 PS leistender BMW VI Zwölfzylinder V-Motor zum Einbau. Schließlich erschien unter der Bezeichnung PS-3 (Passazhirski Samoljet = Passagierflugzeug) auch eine Post- und Verbindungsflugzeugvariante der Tupolew ANT-3, die von der Aeroflot im Raum Jakutsk eingesetzt wurde. Ein Großauftrag für die R-3 als Nachfolger für das Aufklärungsflugzeug Polikarpow R-1 blieb allerdings aus, da sich die V-VS dafür das Konkurrenzmuster Polikarpow R-5 entschied.

Tupolew ANT-4 (TB-1, G-1)

Flugzeugtyp:	Tupolew ANT-4 TB-1
Verwendungszweck:	Bomber/Torpedobomber
Besatzung:	4 – 6
Antrieb:	zwei BMW VI 7,3z Zwölfzylinder-Motoren mit je 730 PS oder zwei Mikulin M-17 Zwölfzylinder-Motoren mit je 680 PS Leistung
Spannweite:	28,70 m
Länge:	18,01 m
Flügelfläche:	120,00 m²
Leergewicht:	4.520 – 4.630 kg
Startgewicht:	6,500 – 8.790 kg
Höchstgeschwindigkeit in Bodennähe:	178 – 207 km/h
Reisegeschwindigkeit in 1.000 m:	156 km/h
Landegeschwindigkeit:	85 km/h
Gipfelhöhe:	4.830 m
Steigzeit auf 1.000 m:	5′ 30" (TB-1)
Reichweite:	575 km (mit 1.000 kg Zuladung); 1.000 km (ohne Zuladung)
maximale Flugdauer:	6 h, mit Langstreckentanks 12 h
Startstrecke:	260 m
Landestrecke:	170 m
Bewaffnung:	sechs 7,62 mm-MGs DA plus bis zu 1.000 kg Zuladung intern; keine Bewaffnung, 4.500 kg Zuladung (G-1)

Das zweite Ganzmetallflugzeug, welches vom Kommando der sowjetischen Luftstreitkräfte im Juli 1924 neben der einmotorigen ANT-3 gefordert wurde, war ein zweimotoriger Bomber, dessen Konstruktion am folgenden 11. November bei AGOS unter der Leitung von Wladimir M. Petljakow begann und am 26. November 1925 erstmals flog. Probleme mit dem beim Prototyp verwendeten Schifahrwerk erzwangen jedoch eine Umkonstruktion desselben und daher verzögerte sich der Beginn der Flugerprobung der ANT 4 bis zum 15. Februar des folgenden Jahres. Obwohl ursprünglich Napier Lion- bzw. Lorraine-Dietrich-Triebwerke für die Serienversion des offiziell als TB-1 (Tiazheli Bombardirovschik = schwerer Bomber) bezeichneten Flugzeuges vorgesehen waren, entschied sich die Luftwaffenführung im April 1927 aus Kostengründen für den BMW VI Zwölfzylinder V-Motor bzw. dessen Lizenzversion Mikulin M-17. Im Oktober 1928 bestellte die Verwaltung der Sowjetischen Luftwaffe (UV-VS) eine Schwimmerversion der ANT-4 als TB-1P, welche als Torpedobomer eingesetzt werden sollte und erwarb dafür bei der Shorts Brothers Ltd. in Belfast Schwimmer passender Größe. Nach dem unbewaffneten ersten Prototyp wurde im Juli 1929 die ANT-4bis fertiggestellt, die als Bomberversion TB-1 ausgeführt war. Noch im selben Jahr begann die Serienfertigung bei der GAZ-22 (Gosudarstvenni Aviatsionnji Zavod = Staatliche Flugzeugfabrik), der vormaligen Fabrik der Junkers Flugzeugwerke AG im Moskauer Stadtteil Fili und in der zweiten Hälfte desselben Jahres wurden die ersten Propagandaflüge mit dem neuen Typ durchgeführt, wobei eine unbewaffnete TB-1 mit dem Namen »Strana Sowjetow« (»Land der Sowjets«) auch einen Langstreckenflug von Moskau nach Tschita in Sibirien und wieder zurück durchführte. Da dieses Flugzeug später jedoch bei einer Notlandung beschädigt wurde, baute man eine zweite Maschine auf dieselbe Weise um und diese zweite »Strana Sowjetow« legte auf ihrem Flug von Moskau nach New York zwischen dem 23. August und dem 1. November 1929 insgesamt 21.242 km zurück. In den folgenden Jahren wurden mit TB-1 verschiedene Versuche durchgeführt – so verkürzten z.B. bis zu sechs unter den Tragflächen montierte Raketen die Startstrecke des Bombers. Weiter wurden

Ungefähr 90 TB-1-Bomber wurden ab Mitte der 1930er Jahre zu Transportflugzeugen G-1 umgebaut und von der Aeroflot eingesetzt.

Aus der Kabine unter dem Rumpf dieser Tupolew TB-1 wurden Fallschirmspringer abgesetzt. Foto: via Dipl.Ing. Jerzy Butkiewicz

Segelflugzeuge in verschiedenen Konfigurationen geschleppt und Luft-Luftbetankung mit Polikarpow R-5-Zweisitzern durchgeführt sowie ab dem 3. Dezember 1931 beim NII V-VS (Nauchno Issledovatelski Institut = Wissenschaftliches Forschungsinstitut der Sowjetischen Luftwaffe) auch Versuche mit zwei Jagdflugzeugen, welche auf der Oberseite der Tragfläche der TB-1 befestigt waren und während des Fluges von dieser starten konnten. Für diese Tests, welche die Reichweite der Begleitjäger verbessern sollte und als »Sweno-1« (»Flugzeug Gruppe-1«) bekannt wurde, kamen Tupolew I-4 (»Sweno-1«) und Polikarpow I-5 (»Sweno-1a«) zum Einsatz. Auch wenn Erprobungsflüge in diesen Konfigurationen durchgeführt wurden, so erfolgten dabei aber dennoch keine Abkoppelungen der Jagdflugzeuge von ihrer Trägermaschine – dies sollte erst den späteren »Sweno-5«-Versuchen des Jahres 1935 vorbehalten bleiben. Aufgrund des großen Bekanntheitsgrades der Tupolew TB-1 mag es verwundern, dass von diesem Flugzeug insgesamt nur 216 Exemplare (davon 66 TB-1P) gebaut wurden. Im Verlauf ihrer Einsatzzeit wurden von der TB-1 für die Aeroflot ungefähr 90 Exemplare zu der unbewaffneten Transportversion G-1 (Gruzowoi = Fracht) umgerüstet und zwischen 1936 bis 45 – ausgerüstet mit einem speziellen Kontainer – zum Transport von Schwefel aus den Minen in Turkmenistan eingesetzt, womit diese Transportversion die am längsten im Dienst stehende Variante der ANT-4 war.

Tupolew ANT-5 (I-4)

Flugzeugtyp:	Tupolew ANT-5 (I-4)
Verwendungszweck:	Jagdflugzeug
Besatzung:	1
Antrieb:	ein Mikulin M-22 Neunzylinder-Sternmotor mit 480 PS Leistung
Spannweite:	11,40 m
Länge:	7,28 m
Höhe:	3,40 m
Flügelfläche:	23,80 m²
Leergewicht:	978 kg
normales Startgewicht:	1.430 kg
Höchstgeschwindigkeit in Bodennähe:	220 km/h
in 5.000 m:	231 km/h
Landegeschwindigkeit:	95 km/h
Gipfelhöhe:	7.000 m
Steigzeit auf 1.000 m:	1′ 48″
Reichweite:	840 km
Landestrecke:	210 m
Bewaffnung:	zwei 7,62 mm PV-1 MGs bis zu 200 kg Abwurflasten

Nachdem 1925 sowohl ein Aufklärungs- als auch ein Bombenflugzeug als Ganzmetallkonstruktionen aus dem Leichtmetall Dural entwickelt und gebaut worden waren, forderte die Führung der V-VS (Voenno-Vozduschni Sili = Sowjetische Luftwaffe) bei einer Besprechung mit Andrej N. Tupolew am 21. September 1925 von diesem nun auch ein Jagdflugzeug in dieser Bauweise. Der Entwurf der nun folgenden ANT-5 entstand als Eineinhalbdecker zwar unter Tupolew's Aufsicht, stammte jedoch von Pawel O. Suchoi, einem weiteren Konstrukteur bei der AGOS. Der erste Prototyp wurde im Juli 1927 fertiggestellt und kam im folgenden September zur Flugerprobung zum NII V-VS, wo das erste Flugzeug und der nachfolgende zweite Prototyp mit zwei verschiedenen Bristol-Sternmotoren mit 420 (Jupiter IV) und 480 PS (Jupiter VI) Leistung erprobt wurden und auch die offizielle Bezeichnung I-4 (Istrebitel = Jagd-

Die Tupolew I-4bis besaß keine unteren Tragflächen mehr und war deshalb zwar etwas schneller, aber auch im Fluge instabiler als die serienmäßigen I-4, die als Eineinhalbdecker ausgeführt waren.

Der Prototyp der ANT-2 wird im Luftfahrtmuseum von Monino aufbewahrt.

flugzeug) erhielten. Am 15. Oktober 1928 stellte die GAZ-1 in Moskau-Khodinka die erste Serienmaschine fertig, der bis 1931 weitere 346 Exemplare folgten, die ab 1929 auch bei der GAZ-22 in Fili gefertigt wurden. Als Antrieb der Serienmaschinen diente der 480 PS leistende Mikulin M-22 Sternmotor, eine Lizenzversion des Bristol Jupiter VI-Triebwerkes.Von Beginn der Serienproduktion an wurden bei den I-4 laufend Modifikationen durchgeführt, welche unter anderem das Leitwerk, die Kühlung, ein wahlweises Schifahrwerk, den Propellerspinner, den Treibstofftank und die Bewaffnung betrafen. Als Tupolew I-4Z (S) wurden 30 Maschinen bezeichnet, welche für »Sweno-1«-Einsätze modifiziert wurden und paarweise auf den Tragflächen von Tupolew TB-1-Trägerflugzeugen Platz fanden. Die verkürzten Unterflügel der I-4Z verbesserten zwar ihr Startverhalten von ihrem Trägerflugzeug aus, verschlechterten jedoch generell ihr Flugverhalten. Es wurden auch Versuche durchgeführt, bei denen I-4 je vier 50 kg Bomben mitführten und bei den zwei Maschinen der Variante I-4bis fehlten die unteren Tragflächen vollends, während bei den oberen automatische Vorflügel montiert wurden und die Motorverkleidung modifiziert waren.

Die I-4bis erwiesen sich zwar etwas schneller als die I-4, waren im Flug jedoch instabiler. Im August 1931 flog die I-4P mit zwei bei der AGOS entwickelten Schwimmern, jedoch wurde dieses Programm mangels eines Bedarfs an solch einem Marinejagdflugzeug bald wieder aufgegeben und ein Versuch mit einem auf dem Oberflügel montierten Maschinengewehr schaffte es nach Vorversuchen nicht mehr zur Flugerprobung. Im Dezember 1931 wurde eine I-4 mit zwei rückstoßfreien 7,62 cm Kanonen APK-4 (Avtomatichjeskaja puschka Kurchjewskogo = Automatische Kanone Kurtschewski's) von Leonid Wasiljewitsch Kurtschewski unter den Tragflächen ausgerüstet. Bei einem der Testflüge riß eine der Kanonen aus ihrer Verankerung, jedoch wurden die Versuche bis zum Ende der Serienfertigung der I-4 fortgesetzt und danach mit anderen Flugzeugtypen weitergeführt. Bei einer anderen I-4 wurden als Unterstützung für den Start pulvergetriebene Raketen montiert, die beim RNII (Reaktivnji Nauch lissledovatelskji Institut = Wissenschaftliches Institut für Rückstoßmotoren) entwickelt worden waren. Die Tupolew I-4 blieb bis 1937 im Dienst bei der V-VS.

Tupolew ANT-9 (PS-9)

Flugzeugtyp:	Tupolew ANT-9 (PS-9)
Verwendungszweck:	Passagier- und Transportflugzeug
Besatzung:	2
Antrieb:	drei Wright J6 Whirlwind Siebenzylinder-Sternmotoren mit je 300 Leistung (ANT-9); zwei Mikulin M-17 Zwölfzylinder-Reihenmotoren mit je 680 PS Leistung (PS-9)
Spannweite:	23,80 m
Länge:	16,65 m
Flügelfläche:	84,00 m²
Leergewicht:	3.680 kg (ANT-9); 4.400 kg (PS-9)
normales Startgewicht:	5.690 kg (ANT-9); 6.200 kg (PS-9)
Höchstgeschwindigkeit in Bodennähe:	205 km/h (ANT-9); 215 km/h (PS-9)
Reisegeschwindigkeit:	170 km/h (ANT-9); 180 km/h (PS-9)
Landegeschwindigkeit:	93 km/h (ANT-9); 110 km/h (PS-9)
Gipfelhöhe:	4.500 m (ANT-9); 5.100 m (PS-9)
Steigzeit auf 1.000 m:	8' 30" (ANT-9); 6' 00" (PS-9)
Reichweite:	700 km
Startstrecke:	170 m (ANT-9)
Landestrecke:	150 m (ANT-9)
Zuladung:	9 Passagiere

Am 8. Oktober 1927 wurde Andrej N. Tupolew zu einer Besprechung in den Kreml gerufen, denn bei der Zivilen Luftflotte (GVF), der Basisorganisation der Aeroflot, herrschte dringender Bedarf an einem großen Passagierflugzeug für die Hauptrouten, denn der bisherige Hauptproduzent von Passagier- und Frachtflugzeugen, Konstantin Alexejewitsch Kalinin, stellte in diesen Jahren ausschließlich kleinere Flugzeugtypen her. Noch im selben Monat begannen bei der AGOS unter der Leitung von Iwan I. Pogosski die Arbeiten an einem dreimotorigen Hochdecker für zwei Mann Besatzung und neun Passagiere, bei dessen Entwicklung auf die Tragflächen und das Leitwerk der zur gleichen Zeit entstehenden ANT-7 zurückgegriffen wurde und als Antrieb dienten drei bei Bristol gebaute, 250 PS leistende Fünfzylinder Gnôme-Rhône Titan-Sternmotoren. Am 1. Mai 1929 wurde der Prototyp der ANT-9 als Teil der Maifeiererlichkeiten am Roten Platz in Moskau ausgestellt und sechs Tage später erfolgte der Erstflug der »Krjlia Sowjetow« (»Sowjetische Flügel«) getauften Maschine. Im Rahmen der Flugerprobung legte eine ANT-9 zwischen dem 10. Juli und dem 8. August 1929 auf der Strecke Moskau – Travemünde – Berlin – Paris – Rom – Marseille – London – Paris – Berlin – Warschau – Moskau in 53 Flugstunden insgesamt 9.037 km zurück. Für die Serienfertigung der ANT-9 waren Mikulin M-26 Fünfzylinder-Sternmotoren vorgesehen, mit denen auch die ersten sechs Flugzeuge ausgerüstet wurden. Da die M-26-Triebwerke aber anstelle der nominalen 300 nur 240 PS Leistung erbrachten, wurden ab der siebenten Serienmaschine Wright J6 Whirlwind Siebenzylinder-Sternmotoren eingebaut, welche echte 300 PS Leistung abgaben. Da für die dreimotorige Hauptserie der ANT-9 nun aber keine brauchbaren sowjetischen Triebwerke zur Verfügung standen, forderte die GVF eine zweimotorige Version, bei welcher die bewährten 680 PS leistenden Mikulin M-17 (BMW VI) Zwölfzylinder V-Motoren eingebaut werden konnten. Diese Variante, von der AGOS als ANT-9bis bezeichnet, hieß bei der Aeroflot jedoch PS-9 und bis 1933 wurden neben den 55 gebauten dreimotorigen ANT-9 weitere 75 zweimotorige PS-9 hergestellt. Eine PS-9 erhielt auch die am 17. März 1933 aufgestellte »Agietskadrilia Maksima Gorkogo« (»Agitationsstaffel Maxim Gorki«) und wurde von Vadim Borisowitsch

Ein »fliegendes Krokodil« der »Agitationsstaffel Maxim Gorki«.

Im Sommer 1929 führte der Prototyp der Tupolew ANT-9 »Krjlia Sowjetow« einige Langstreckenflüge durch.

Schawrow mit einer spitzen Nasen aus Sperrholz, auf denen Krokodilszähne aufgebracht waren sowie Zacken auf der Rumpfoberseite versehen, während auf ihren Radverkleidungen Krallen aufgemalt waren. Dieses Flugzeug wurden nach der zeitgenössischen satirischen Zeitschrift »Krokodil« benannt und war mit ihrem rot/alu gehaltenen Anstrich, bald das bekannteste Flugzeug in der Sowjetunion[3]. Manche PS-9 blieben bis 1942 als Transportflugzeuge im Dienst und kamen dabei auf eine Gesamtflugdauer von durchschnittlich je 6.170 Stunden.

[3] Nach westlichen Quellen existierten zwei verschiedene Tupolew PS-9 als »Krokodile«, während es nach der Meinung einiger russischer Luftfahrthistoriker nur ein einziges solches Flugzeug gab. Es existieren allerdings auch Fotos, die ein »Krokodil« ohne roten Sonderanstrich zeigen und weitere Bilder, auf denen die Krokodilszähne anders aussehen.

Tupolew ANT-7 (R-6, PS-7)

Bereits im Jahr 1924 begann bei der Führung der V-VS eine Diskussion über die Entwicklung eines zweimotorigen Langstreckenbegleitjagdflugzeuges, welches ausgerüstet mit zwei 500 PS leistenden Motoren eine höhere Geschwindigkeit erreichen sollte, als mit gleichstarken Triebwerken ausgestattete einmotorige Jäger. Dieser Zeitmot sollte tief in feindliches Gebiet eindringen und auch als Bomber, Aufklärer und Torpedobomber eingesetzt werden können. Andrej N. Tupolew's Vorschlag zu dieser Idee war eine verkleinerte Version seines TB-1-Bombers, ausgerüstet mit denselben 680 PS leistenden Mikulin M-17-Motoren und im Oktober 1926 begannen die Arbeiten an diesem Projekt – allerdings mit niedriger Priorität. Deshalb erfolgte der Erstflug des als ANT-7 bezeichneten Flugzeugs erst am 11. September 1929 und die Erprobung beim NII V-VS im Mai des folgenden Jahres. Mitte der 1930er Jahre begann beim GAZ-22 in Fili die Serienfertigung der Aufklärungsvariante R-6, welche aber während ihrer Produktion noch einigen Modifikationen bei

Flugzeugtyp:	Tupolew ANT-7 (R-6)
Verwendungszweck:	Begleitjäger, Aufklärer (R-6)
Besatzung:	2 – 4
Antrieb:	zwei Mikulin M-17F Zwölfzylinder V-Motoren mit je 730 PS Leistung
Spannweite:	23,20 m
Länge:	15,06 m
Flügelfläche:	80,00 m²
Leergewicht:	3.856 kg
normales Startgewicht:	6.472 kg
Höchstgeschwindigkeit in Bodennähe:	230 km/h
Gipfelhöhe:	5.620 m
Steigzeit auf 2.000 m:	13 ′ 00" (KR-6)
Reichweite:	800 km
Startstrecke:	160 m
Landestrecke:	250 m
Bewaffnung:	fünf 7,62 mm-Maschinengewehre DA plus bis zu 500 kg Abwurflasten (R-6)
Landestrecke:	210 m
Bewaffnung:	zwei 7,62 mm PV-1 MGs bis zu 200 kg Abwurflasten

Diese Tupolew ANT-7 trägt einen Arktisanstrich hat aber kein, für dieses Einsatzgebiet übliches geschlossenes Cockpit. Foto: via Dipl.Ing. Jerzy Butkiewicz

Ein Einzelstück blieb die Tupolew R-6 Limuzin mit Passagierkabine.

Diese Tupolew PS-7 mit geschlossener Kabine flog im März 1937 zum Nordpol. Foto: via Dipl.Ing. Jerzy Butkiewicz

Motoren (Mikulin M-17F mit 730 PS Leistung) und Kühlern unterzogen wurde. Ende 1932 endete die Fertigung der R-6 in Fili und danach wurde die Serienproduktion zur GAZ-31 nach Taganrog, einer Hafenstadt am Asowschen Meer verlegt, wo die Serienfertigung im Juni 1934 mit insgesamt 435 gebauten Exemplaren endete, wobei auch weitere Versionen, z.B. mit Schifahrwerken und Schwimmern, hergestellt wurden. Die KR-6 (Kreiser Razvjedschik = Kreuzer Aufklärung) war eine Langstreckenversion ohne Bombenzuladung, die MR-6 erhielt die experimentellen Radbremsen und Klappen von Northrop und die KR-6P war ein Aufklärungsflugzeug mit Schwimmer. Einige Serienmaschinen wurden, speziell vom Team der AGOS um Wladimir M. Mjasitschew, auch zur Erprobung von anderen Triebwerken, Kühlsystemen, rückstoßfreien Kanonen und Aufklärungskameras eingesetzt. Als die Serienfertigung der ANT-7 beendet wurde, war das Flugzeug aber bereits veraltet und deshalb kamen viele der neuen Maschinen gleich von der Fabrik weg als Fortgeschrittentrainer zu den Flugschulen der V-VS, wo sie bis 1938 ihren Dienst versahen. Ab dem Jahr 1935 verlegten 220 ANT-7 von der Luftwaffe zur GVF, wo sie – umgebaut zu Transport-und Passagierflugzeugen P-6 (Passazhirski) und PS-7 – auf allen Strecken der Aeroflot eingesetzt wurden und einige dieser Maschinen mit geschlossenen Cockpits auch an Arktisexpeditionen teilnahmen. Die PS-7 konnte durch die ehemaligen Cockpits der Bordschützen mit 700 kg Fracht beladen werden und das Einzelstück R-6 Limuzin (in manchen Quellen auch als R-61 bezeichnet) erhielt zur Aufnahme von 9 Fluggästen einen umgebauten Rumpf. Die Schwimmerversion MP-6 erwies sich durch den erhöhten Luftwiderstand um 20 – 30 km/h langsamer als die Versionen mit Radfahrwerk. Die letzten ANT-7 standen noch 1944 im Dienst der Aeroflot.

Tupolew ANT-10 (R-7)

Flugzeugtyp:	Tupolew ANT-10 (R-7)
Verwendungszweck:	Aufklärungsflugzeug
Besatzung:	2
Antrieb:	ein BMW VI Zwölfzylinder V-Motor mit 680 PS
Spannweite:	15,20 m
Länge:	10,90 m
Flügelfläche:	49,00 m²
Leergewicht:	1.720 kg
normales Startgewicht:	2.920 kg
Höchstgeschwindigkeit in Bodennähe:	235 km/h
Reisegeschwindigkeit:	184 km/h
Landegescghwindigkeit:	90 km/h
Gipfelhöhe:	5.560 m
Steigzeit auf 1.000 m:	3' 06"
Reichweite:	1.100 km
max. Flugdauer:	5 h
Startstrecke:	150 m
Landestrecke:	300 m
Bewaffnung (geplant):	zwei 7,62 mm PV-1 (Puljemet Vozduschnji-1) MGs bis zu 500 kg Abwurflasten intern

Das Erscheinen des zweisitzigen Aufklärungsdoppeldeckers Polikarpow R-5, welcher für die Großserienfertigung der Tupolew R-3 vorgezogen wurde, veranlaßte die AGOS im Juli 1928 zur Entwicklung des neuen Konkurrenzmodells ANT-10. Als Antrieb für den Prototyp kam ein BMW VI Zwölfzylinder V-Motor zum Einbau, während für die Serienfertigung die Lizenzversion dieses Triebwerks M-17 von Mikulin vorgesehen war. Am 28. März des folgenden Jahres erhielt das Flugzeug die militärische Bezeichnung R-7 zugewiesen und die Erprobung begann mit dem Jungfernflug am 30. Januar 1930. Obwohl die ANT-10 leichter war als das Konkurrenzmuster von Polikarpow zeigte sie jedoch schlechtere Flugleistungen. Im März desselben Jahres wurde die R-7 beim NII V-VS getestet, konnte dort aber ebenfalls nicht überzeugen und wurde zur Installation militärischer Ausrüstung und der Behebung einiger Schwachpunkte an das Werk zurückgesandt. Nach einer neuerlichen Erprobung der Tupolew R-7 Ende 1930 stellte das NII keine Vorteile gegenüber der Polikarpow R-5 fest und die ANT-10 blieb ein Einzelstück.

Die Tupolew ANT-10 basierte auf dem Vorgänger R-3 und erhielt als Aufklärungsflugzeug Militärbezeichnung R-7.

Tupolew ANT-13 (I-8)

Flugzeugtyp:	Tupolew ANT-13 (I-8)
Verwendungszweck:	Jagdflugzeug
Besatzung:	1
Antrieb:	ein Curtiss Conqueror V1570 Zwölfzylinder V-Motor mit bis zu 700 PS Leistung
Spannweite:	9,03 m
Länge:	6,70 m
Flügelfläche:	20,30 m²
Leergewicht:	960 kg
normales Startgewicht:	1.424 kg
Höchstgeschwindigkeit in Bodennähe:	303 km/h
in 3.000 m:	310 km/h
Landegeschwindigkeit:	118 km/h
Gipfelhöhe:	8.500 m
Steigzeit auf 5.000 m:	8′ 12"
Reichweite:	440 km
max. Flugdauer:	1h 48′
Bewaffnung:	zwei 7,62 mm-MGs PV-1

Als Andrej N. Tupolew im Jahr 1928 Deutschland besuchte und dort die neuesten Erkenntnisse im Metallflugzeugbau studieren konnte, entstand trotz der Auslastung der AGOS mit anderen Projekten der Entschluß, mit diesen im Ausland erfahrenen Neuerungen ein leichtes Jagdflugzeug zu bauen, welches die Werksbezeichnung ANT-13 erhielt. Anfang des Jahres 1929 begann man bei der AGOS mit den Arbeiten an diesem Jagddoppeldecker, ohne die anderen Projekte deswegen beschneiden zu müssen. Wladimir Michailowitsch Rodionov, ein Ingenieur bei der AGOS erklärte sich bereit, die Konstruktionsarbeiten in seiner Freizeit durchzuführen, wobei er von der UV-VS und der OSS (Otdel Sukhoputnykh Samoljetov = Abteilung für experimentelle Landflugzeugkonstruktionen) unterstützt wurde. Aufgrund seiner geringen Abmessungen erhielt das Flugzeug den Spitznamen »Zokhei«, angelehnt an das zeitgenössische britische Jagdflugzeug Vickers 151 Jockey. Als Antrieb des auch als I-8 bezeichneten Prototyps kam ein 700 PS leistender amerikanischer Curtiss Conqueror V1570 Zwölfzylinder V-Motor zum Einbau und am 12. Dezember 1930 erfolgte der Erstflug der ANT-13. In der folgenden Flugerprobung überschritt die I-8 als erstes Flugzeug in der Sowjetunion die Geschwindigkeitsmarke von 300 km/h und erwies sich auch als gut zu fliegen. Aufgrund ihres ausländischen Triebwerks und der bereits angelaufenen Großserienfertigung der Polikarpow I-5 mit einheimischem Motor als wichtigstes Jagdflugzeug der V-VS in diesen Jahren, wurde die weitere Entwicklung der vielversprechenden Tupolew I-8 abgebrochen, welche dadurch ebenfalls ein Einzelstück blieb.

Die Tupolew ANT-13/I-8 entstand aufgrund einer Initiative von Andrej N. Tupolew und V. M. Rodionov, einem seiner Ingenieure bei der AGOS.

Tupolew ANT-6 (TB-3, G-2)

Flugzeugtyp:	Tupolew ANT-6 (TB-3M-17F)
Verwendungszweck:	schwerer Bomber
Besatzung:	6
Antrieb:	vier Mikulin M-17F Zwölfzylinder V-Motoren mit je 730 PS Leistung
Spannweite:	39,50 – 41,85 m
Länge:	24,40 m
Höhe:	8,45 m
Flügelfläche:	230,00 – 234,00 m²
Leergewicht:	10.967 kg
Startgewicht:	17.200 kg
Höchstgeschwindigkeit in Bodennähe:	197 km/h
Gipfelhöhe:	3.800 m
Steigzeit auf 1.000 m:	9′ 12"
Reichweite:	1.350 km
Startstrecke:	300 m
Landestrecke:	330 m
Bewaffnung:	sechs 7,62 mm-MGs DA bis zu 2.200 kg Abwurflasten

Noch bevor der zweimotorige Bomber Tupolew TB-1 im November 1925 erstmals abhob, verlangte die sowjetische Führung nach einem viermotorigen Nachfolgetyp für strategische Aufgaben. Die Planungsarbeiten an diesem als ANT-6 bezeichneten Großflugzeug begannen Anfang des Jahres 1926, jedoch mussten aufgrund fehlender Werkskapazitäten die Aufgaben verteilt werden. So erhielt Wladimir M. Petljakow die Aufgabe der Entwicklung der Tragflächen, Alexander A. Archangelski entwarf den Rumpf und die Steuerung, Nikolai Sewerinowitsch Nekrasow das Leitwerk, Aleksander Iwanowitsch Putilow das Fahrwerk und Iwan Iwanowitsch Pogosski wurde mit der Installation der Motoren und allen übrigen Berechnungen betraut. Die Entwicklungsarbeiten an der ANT-6 verzögerten sich dann allerdings, da die Führung der V-VS zuerst die Tupoew TB-1 im Einsatz sehen wollte, bevor sie »grünes Licht« für den neuen Viermot gab – was erst 1929 geschah. Daher erfolgte der Jungfernflug des in Fili gebauten Prototyps erst am 22. Dezember 1930 in Monino. Dieser begann gleich beim Start auf haarsträubende Weise durch einen plötzlich auftretenden Leistungsverlust der beiden rechten 600 PS leistenden Curtiss V-1760 Conqueror V12-Motoren, was beinahe zu einem Strömungsabriss führte, wobei die rechte Tragfläche der ANT-6 nur knapp einen Hangar verfehlte. Es stellte sich heraus, dass das Steuerrad des Höhenruders beim Start vom Piloten

Fünf stark modifizierte Tupolew ANT-6A der Aviaarktika versorgten die fünf in der Arktis permanent stationierten sowjetischen Militärbasen.

Unter der Bezeichnung »Sweno-Aviamatka« wurden auf den Tragflächen einer Tupolew TB-3/M-17F zwei Polikarpow I-5, unter den Flächen zwei Polikarpow I-16 und unter dem Rumpf eine Grigirowitsch I-Z transportiert.

mit beiden Händen gehalten werden musste, sich aber in dieser Zeit durch die Vibrationen des Flugzeuges bedingt, die beiden Gashebel der rechten Triebwerke aufgrund einer unzuverlässig arbeitenden Feststellvorrichtung in Richtung Motorleerlauf bewegten, was unweigerlich zum Abbremsen und Abtudeln des Flugzeuges führte. Der Rest dieses Erstfluges erfolgte dann aber plangemäß, da der erfahrene Testpilot Michail Michailowitsch Gromow seinen Bordingenieur V. P. Rusakow anwies, die unzuverlässigen Gashebel für den Rest des Fluges festzuhalten. Nach diesem abenteuerlichen Beginn verlief die weitere Flugerprobung der ANT-6 nach Behebung dieses Fehlers zufriedenstellend und das NII V-VS empfahl das Flugzeug unter der Bezeichnung TB-3, unter Verwendung von Mikulin M-17-Motoren am 20. Februar 1931 zur Serienfertigung, bei welcher zwei verschiedene Radfahrwerke zum Einbau kamen. Ende desselben Jahres begann bei drei staatlichen Flugzeugfabriken die Produktion und ab Oktober 1932 kam die ersten Maschinen zu den Staffeln der V-VS. Nachdem bis Ende 1933 ungefähr 400 TB-3/M-17F gebaut waren, ersetzte man die bisher verwendeten 730 PS leistenden Motoren bei der weiteren Serienproduktion durch 820 PS leistende Mikulin AM-34RN-Triebwerke, welche allerdings eine Änderung des Kühlsystems erforderlich machten. Bei den neuen, stärker motorisierten Versionen TB-3/AM-34R, TB-3/AM-34RN, TB-3/AM-34FRN wurden auch eine Reihe weiterer Modifikationen durchgeführt. Insgesamt wurden 819 zivile und militärische ANT-6 gebaut. Darunter befanden sich auch neun ANT-6/AM-34RD, welche Langstreckenflüge nach Paris, Warschau, Rom, Wien und Prag durchführten. Im August 1934 begann das NII V-VS mit einer TB-3/M-17F mit verstärktem Fahrwerk als Fortführung der »Sweno-1«-Versuche von 1931 die Versuchsreihe »Sweno-2« bei welcher zwei Polikarpow I-5 auf den Tragflächen und eine dritte auf dem Rumpf mitgeführt wurde. Bei »Sweno-3« wurden zwei Jagdflugzeuge des Typs Grigorowitsch I-Z unter den Tragflächen montiert. Über eine »Sweno-4« wurde im Westen nichts bekannt, jedoch beim nachfolgenden Versuch »Sweno-5« gelang am 23. März 1935 erstmals in der Geschichte der Luftfahrt die An- und Abkoppelung eines Jagdflugzeuges von einer Trägermaschine im Flug – in diesem Fall war es eine unter dem Rumpf einer TB-3 aufgehängte Grigorowitsch I-Z. Da aber die Bodenfreiheit der TB-3 mit einer unter dem Rumpf hängenden I-Z nicht groß genug war, musste der Grigorowitsch-Jagdeindecker immer selbst starten und konnte sich erst im Fluge an seine Trägermaschine ankoppeln. Bei der »Sweno-6« kam erstmals eine TB-3/AM-34RN zum Einsatz, bei der bereits am Boden zwei Polikarpow I-16 unter den Tragflächen hingen und dieses Trio startete erstmals im August 1935. Drei Monate später kam unter der Bezeichnung

Noch im »Großen vaterländischen Krieg« setzten Tupolew TB-3 Fallschirmjäger in Kampfgebieten ab.

»Sweno-Aviamatka« (»Gruppe-Flugzeugmutter«) das bisher bunteste Gemisch an verschiedenen Flugzeugtypen zum Einsatz und wurde von den Beteiligten deshalb auch als »Luftzirkus« bezeichnet. Auf den Tragflächen einer TB-3/M-17F wurden zwei Polikarpow I-5 montiert und unter den Tragflächen zwei I-16 aufgehängt – und einmal gestartet, hängte sich als fünftes Jagdflugzeug schließlich auch noch eine Grigorowitsch I-Z unter den Rumpf des Bombers. Dieses Ensemble, bestehend aus sechs miteinander verbundenen Flugzeugen flog erstmals am 20. November 1935. Bei der nachfolgenden »Sweno-7« sollten drei Polikarpow I-16 während des Fluges an ihrer TB-3 ankoppeln und sich wieder lösen – jedoch wurden diese Versuche nicht zu Ende gebracht. Eine weitere Variante dieser »Flugzeug Gruppen« war ab dem Juli 1937 der Versuch »SPB« (»Skorostnoi Pikirujuschtschi Bombardirovschik« = schnelles Sturzbombenflugzeug). Dabei hingen unter den Fächen einer TB-3/AM-34RN zwei Polikarpow I-16SPB, die jeweils zwei FAB-250-Bomben (Fugasnaia Aviatsionnaja Bomba = Hochexpolsiv Flugzeug Bombe) mitführten. Bei der Erprobung aller Varianten an »Flugzeug Gruppen« stellte sich jedoch heraus, dass die Anbringung der Jagdflugzeuge auf den Tragflächen und dem Rumpf des Trägerflugzeuges bei den frühen »Sweno's« im Ernstfall zu aufwändig und zeitraubend war. Zwei Jagdflugzeuge unter den Tragflächen einer TB-3 aufzuhängen war da weitaus schneller zu bewerkstelligen. Obwohl das »Sweno«-Programm keine Priorität erhielt, führten einige dieser »Flugzeug-Gruppen« in den ersten Jahren des »Großen vaterländischen Krieges« einige erfolgreiche Einsätze durch. Die Tupolew TB-3D – ausgerüstet mit vier AN-1A 12 Zylinder V-Dieselmotoren mit je 900 PS Leistung, entwickelt von Aleksei Dimitrijewitsch Tscharomski, welche erstmals im Januar 1937 flog blieb jedoch ein Einzelstück. Zwischen 1939 und 41 wurden 50 TB-3/M-17F zu unbewaffneten G-2 Transportern umgebaut und weitere 80 TB-3 dieser Version gaben ihre Bewafffnung von Bord, um für das Absetzen von Fallschirmspringern, zum Transport von 2,5 t schweren Transportbehältern sowie von Tanketten verwendet zu werden. Die letzten umgebauten Tupolew G-2 erhielten anstelle ihrer M-17F-Motoren die stärkeren Mikulin AM-34RN-Triebwerke und konnten damit mehr als 7 t Fracht transportieren. Dieselben Motoren kamen auch bei den letzten TB-3-Bombern zum Einbau sowie auch bei den fünf ANT-6A (ANT-6/M-34R) der Aviaarktika. Diese für die Arktis modifizierte Version diente ausschließlich zur Versorgung der fünf ständigen sowjetischen Basen in der Arktis und waren zur besseren Erkennbarkeit in der dortigen weißen Umgebung orangerot gestrichen.

Tupolew ANT-8 (MDR-2)

Bereits 1925 bestanden bei der AGOS Pläne für ein Ganzmetallflugboot. Da in diesen Jahren aber Landflugzeuge absolute Priorität hatten, konnte solch ein Wasserflugzeug als Tupolew ANT-8 unter der Leitung von Iwan I. Pogosski erst 1930 verwirklicht werden, wobei der Prototyp am 1. Dezember 1930 fertiggestellt und am 30. Januar des folgenden Jahres erstmals geflogen wurde. Bei Tupolew sah man dieses auch als MDR-2 (Morskoi Dalnii Razvjedschik = Marine Langstrecken Aufklärung) bezeichnete Flugboot eher als Forschungsobjekt (MER), denn als Einsatzflugzeug für die V-MF an. Die Tragflächen dieses zweimotorigen Flugbootes waren jener der ANT-7 sehr ähnlich und das Leitwerk stammte von der ANT-9. Der Antrieb erfolgte druch zwei BMW VI 12 Zylinder V-Motoren mit Druckpropellern. Während der Erprobung der ANT-8 beim NII bis Ende 1931 wurden wiederholt Modifikationen an dem Flugboot vorgenommen, doch als die Erprobung der MDR-2 abgeschlossen war, war die ANT-8 bereits technisch veraltet – zudem setzte die V-MF große Hoffnungen in das 1931 begonnene Flugboot Tschetwerikow MDR-3. Deshalb unterblieb eine Serienfertigung von Tupolew's MDR-2. Dies erweis sich jedoch als großer Fehler, denn die MDR-3 zeigte sich in ihren Leistungen als ungenügend und wurde bereits ein Jahr später wieder aufgegeben.

Flugzeugtyp:	Tupolew ANT-8/MDR-2
Verwendungszweck:	Langstreckenaufklärungsflugboot-Prototyp
Besatzung:	4
Antrieb:	zwei BMW VI Zwölfzylinder V-Motoren mit je 680 PS Leistung
Spannweite:	23,70 m
Länge:	17,03 m
Flügelfläche:	84,00 m²
Leergewicht:	4.560 kg
Startgewicht:	6.920 kg
Höchstgeschwindigkeit in Bodennähe:	203 km/h
Reisegeschwindigkeit:	166 km/h
Landegeschwindigkeit:	115 km/h
Gipfelhöhe:	3.350 m
Steigzeit auf 1.000 m:	7' 00"
Reichweite:	1.062 km
max. Flugdauer:	5 h
Bewaffnung:	zwei 7,62 mm-MGs DA bis zu 900 kg Abwurflasten

Trotz zufriedenstellender Ergebnisse bei der Erprobung wurde die Tupolew ANT-8 Ende 1931 als überholt angesehen, welshalb eine Serienfertigung unterblieb.

Tupolew ANT-14

Flugzeugtyp:	Tupolew ANT-14
Verwendungszweck:	Passagier- und Propagandaflugzeug
Besatzung:	3
Antrieb:	fünf Gnôme-Rhône GR9AKX Jupiter VI Neunzylinder-Sternmotoren mit je 480 PS
Spannweite:	40,40 m
Länge:	26,80 m
Höhe:	5,40 m
Flügelfläche:	240,00 m²
Leergewicht:	10.828 kg
Startgewicht:	17.530 kg
Höchstgeschwindigkeit in Bodennähe:	236 km/h
Reisegeschwindigkeit:	195 km/h
Gipfelhöhe:	4.220 m
Steigzeit auf 1.000 m:	4' 54"
Reichweite:	900 km
Startstrecke:	250 m
Landestrecke:	220 m
Zuladung:	36 Passagiere

Das große Passagierflugzeug ANT-14 entstand primär aufgrund Andrej N. Tupolew's Enthusiasmus für solch ein Flugzeug, gepaart mit der entsprechenden freien Kapazität bei der AGOS, ein solches zu planen und bauen zu können. Im Grunde genommen war die ANT-14 eine vergrößterte Version der ANT-9 mit fünf Triebwerken. Dabei wurden große Teile der Tragflächen, das Höhenleitwerk und das Fahrwerk von der ANT-6 übernommen, während der Rumpf für 36 Passagiere natürlich neu konstruiert werden musste. Der Erstflug der ANT-14 erfolgte am 14. August 1931 – danach allerdings erstreckte sich die weitere Flugerprobung aufgrund geringer Priorität des Flugzeuges über beinahe ein ganzes Jahr, wobei in diesen Monaten nur einige kleine Modifikationen durchgeführt wurden. Als optisch auffälligste Veränderung wurden nach dem Jungfernflug der ANT-14 die Tandemräder der TB-3 montiert. Da in diesen Jahren aber kein Bedarf an einem solch großen Passagierflugzeug bestand und neben der Kalinin K-5 auch die Konkurrenz aus dem eigenem Hause, die ANT-9, die Strecken der Aeroflot bedienten, unterblieb eine Serienfertigung der ANT-14. Im Frühjahr 1933 kam die ANT-14 zur neu aufgestellten Propagandastaffel der V-VS »Agietskadrilia Maksima Gorkogo« – benannt nach Stalin's Lieblingsdichter Maxim Gorki – und erhielt den Namen »Prawda« (»Wahrheit«). Dort flog sie letztmalig am 3. Februar 1937.

Auf den Namen »Prawda« getauft, diente die ANT-14 fast vier Jahre lang als Propagandaflugzeug bei der »Agitationsstaffel Maxim Gorki« und beendete ihre Laufbahn auf einem Kinderspielplatz.

Tupolew ANT-23 (I-12)

Flugzeugtyp:	Tupolew ANT-23/I-12
Verwendungszweck:	Jagdflugzeug
Besatzung:	1
Antrieb:	zwei Gnôme-Rhône GR9AK Jupiter VI Neunzylinder-Sternmmotoren mit je 525 PS Leistung
Spannweite:	15,67 m
Länge:	9,50 m
Flügelfläche:	33,00 m²
Leergewicht:	1.818 kg
Startgewicht:	2.405 kg
Höchstgeschwindigkeit in Bodennähe:	300 km/h
in 5.000 m:	318 km/h
Landegeschwindigkeit:	100 km/h
Gipfelhöhe:	9.320 m
Steigzeit auf 5.000 m:	7′ 42"
Reichweite:	405 km
Bewaffnung:	zwei 102 mm rückstoßfreie APK-100 Kanonen

Im Dezember 1929 begann Viktor Nikolajewitsch Schernischow vom Team Pawel O. Suchoi's beim TsAGI mit den Arbeiten an einem ungewöhnlichen, zweimotorigen Jägerprojekt mit je einem Propeller vor und hinter dem Rumpf sowie zwei Heckauslegern für das Leitwerk. Auch die Bewaffnung war mit zwei rückstoßfreien Kanonen APK-100 (Avtomatichjeskaja puschka Kurchjewskogo) vom Kaliber 10,2 cm[5] in den beiden Heckauslegern eher unüblich. Der Erstflug des auch als I-12 bezeichneten Prototyps erfolgte am 29. August 1931 und bei der Flugerprobung ergab sich aufgrund der wenig effizienten Druckschraube eine Maximalgeschwindigkeit von nur 300 km/h – ebenso befriedigte die Wendigkeit der I-12 nicht. Die Flugerprobung endete vorzeitig am 19. Mai 1932, denn an diesem Tag explodierte während des Fluges eines der 10,2 cm Geschoße im Lauf einer der beiden APK-100-Kanonen. Aufgrund des zweiten Propellers im Heck der I-12 konnte der Pilot nicht mit dem Fallschirm abspringen und so sah er sich gezwungen eine Notlandung zu machen, wobei er unverletzt blieb, die ANT-23 jedoch schwer beschädigt wurde. Dieser Unfall bedeutete aber das Aus für die I-12 – auch da der Prototyp der nächsten Version ANT-23bis mit absprengbarer hinterer Luftschraube in diesen Wochen kurz vor der Fertigstellung stand.

[5] *Nach westlichen Quellen waren es 2 Kanonen 76,2 mm APK-4.*

Die Mündungen der rückstoßfreien 10,2 cm Kanone APK-100 an der Vorderseite des linken Heckauslegers der Tupolew I-12 ist auf diesem Foto gut zu erkennen.

Tupolew ANT-31 (I-14)

Flugzeugtyp:	Tupolew ANT-31/I-14bis Serie
Verwendungszweck:	Jagdflugzeug
Besatzung:	1
Antrieb:	ein Mikulin M-25A Neunzylinder-Sternmotor mit 710 PS Leistung
Spannweite:	11,20 m
Länge:	6,10 m
Flügelfläche:	17,00 m² (I-14bis)
Leergewicht:	1.170 kg
Startgewicht:	1.170 kg
Höchstgeschwindigkeit in Bodennähe:	375 km/h
in 3.400 m:	449 km/h
Landegeschwindigkeit:	129 km/h
Gipfelhöhe:	9.430 m
Steigzeit auf 5.000 m:	6' 30"
Reichweite:	615 km
Startstrecke:	230 m
Landestrecke:	320 m
Bewaffnung I-14bis Serie:	eine 20 mm-MK SchWAK; ein 7,62 mm-MG SchKAS

Der Bedarf der V-VS an einem schnelleren Eindecker-Jagdflugzeug mit einziehbarem Fahrwerk führte 1932 zu einer Ausschreibung, an der drei Konstruktionsbüros teilnahmen. Unter der Leitung von A. N. Tupolew begann Pawel O. Suchoi's Team beim TsAGI mit den Arbeiten an einem Jagdflugzeug mit den geforderten Eigenschaften und stellte den ersten Prototyp im Mai 1933 fertig, der am 27. desselben Monats seinen Erstflug absolvierte. Dabei erwies sich aber der eingebaute Neunzylinder Bristol Mercury VI S.2 mit seinen 580 PS als zu schwach, um dem auch als I-14 bezeichneten Flugzeug die erwarteten Flugleistungen zu ermöglichen. Während der folgenden Flugerprobung erhielt die I-14 auch ein Schifahrwerk montiert. Aufgrund der unbefriedigenden Leistungen des ersten Prototyps wurde mit der ANT-14bis bzw. I-14bis (manchmal auch als I-142 bezeichnet) ein zweiter Prototyp, ausgerüstet mit einem 640 PS leistenden Wright SGR-1820-F2 Cyclone Neunzylinder-Sternmotor – der 712 PS leistete – fertiggestellt, der am 12. Februar 1934 erstmals flog. Während der Flugerprobung der I-14bis, welche im folgenden März begann, erwiesen sich die Flugleistungen dieses zweiten Prototyps besser als von der V-VS gefordert. Demgegenüber standen jedoch Probleme mit der Steuerung und mit dem Mechanismus des Einziehfahrwerks. Hinzu kam, dass das engere Fahrwerk des ANT-14bis das Landen der Maschine schwieriger machte als beim ersten Prototyp. Trotz dieser Nachteile erteilte die V-VS noch im selben Jahr einen Produktionsauftrag über 55 Tupolew I-14bis, von denen die erste Serienmaschine am 31. Dezember 1935 bei der GAZ-125 in Irkutsk fertiggestellt wurde. Waren bei den beiden Prototypen noch 7,5 cm APK-37 und 4,5 cm APK-11 rückstroßfreie Kanonen sowie 7,62 mm PV-1 und SchKAS (Schpitalni-Komaritski Aviatsionni Sokorostrelnji) Maschinengewehre vorgesehen, kamen bei der Serie je eine 20 mm SchWAK (Schpitalni-Wladimirow Aviatsionni Krupnokaliber) Maschinenkanone und ein 7,62 mm SchKAS MG zum Einbau. Auch wurde der Wright SGR-1820-F2 Cyclone-Sternmotor durch seine Lizenzversion Mikulin M-25A mit 710 PS Leistung ersetzt und das Höhenleitwerk nochmals modifiziert. Als die 18. Serienmaschine der I-14bis aus der Produktionshalle rollte hatte aber auch das Konkurrenzmuster Polikarpow I-16 inzwischen seine Kinderkrankheiten überwunden und aufgrund der besseren Leistungsdaten wurde die I-16 nun als Standardjagdflugzeug der V-VS ausgewählt, während die Produktion von Tupolew's I-14bis im Dezember 1936 vorzeitig eingestellt wurde.

Der erste Prototyp der Tupolew ANT-31/I-14 erfüllte aufgrund seines zu schwachen Motors die Anforderungen der Sowjetischen Luftwaffe nicht.

Von der zweiten Version ANT-31bis/I-14bis, die nach diversen Modifikationen bessere Leistungen zeigte wurde nur eine kleine Serie hergestellt, da sich das Konkurrenzmuster Polikarpow I-16 als deutlich überlegen erwies und Mitte der 1930er Jahre zum Standardjagdflugzeug der V-VS wurde.

Tupolew ANT-25 (RD, ANT-36, RDD, DB-1)

Flugzeugtyp:	Tupolew ANT-25/RD
Verwendungszweck:	Langstreckenrekord-flugzeug
Besatzung:	3
Antrieb:	ein Mikulin AM-34 Zwölfzylinder V-Motor mit 750 PS Leistung
Spannweite:	34,00 m
Länge:	13,40 m
Höhe:	5,50 m
Flügelfläche:	87,10 m²
Leergewicht:	3.700 kg
normales Startgewicht:	8.000 kg
Höchstgeschwindigkeit in Bodennähe:	212 km/h
Gipfelhöhe:	2.100 m mit max. Zuladung (RD Dubler); 7.850 m mit min. Zuladung (RD Dubler)
Reichweite:	7.200 km (RD)
Startstrecke:	1.000 m (RD)
Flugdauer:	48 Stunden

Die Erzielung von Weltrekorden hatte in der Sowjetunion immer schon einen hohen Stellenwert und bei einer Besprechung im TsAGI am 20. Mai 1931 war der Wunsch nach einem Langstreckenweltrekord eines der Themen. Für die Entwicklung eines dafür geegineten Flugzeuges verwies der an dieser Besprechung teilnehmende Andrej N. Tupolew auf die Vorteile eines Eindeckers mit einziehbarem Fahrwerk. Schließlich wurde entschieden, dass Tupolew solch ein Flugzeug mit der offiziellen Bezeichnung RD (Rekord Dal'nost = in etwa: Reichweitenrekord) bauen sollte, für welches bei einer abschließenden Besprechung zu diesem Thema am 7. Dezember desselben Jahres eine angestrebte Reichweite von 13.000 km und der Flug für den Sommer 1932 gefordert wurde. Neben dem Bau eines Flugzeuges waren weitere wichtige Aufgaben die Schulung der Besatzung, die Entwicklung einer verbesserten Ausrüstung für Mensch und Maschine sowie der Bau einer entsprechend langen befestigten Startbahn, da bei dem vollbeladenen Flugzeuge eine Starstrecke von mindestens 1.000 m erwartet wurde. Ein weiteres Ziel dieses Auftrages war auch, für künftige Langstreckenbomber der V-VS Erfahrungen zu sammeln. Für den Antrieb war ein Mikulin AM-34 12 Zylinder

Im Jahr 1937 besuchte die ANT-25/RD Dubler zweimal im Nonstopflug die USA.

Die ANT-25 hatte die für eine einmotoriges Flugzeug beeindruckende Spannweite von 34,00 m.

V-Motor mit 750 PS Leistung vorgesehen und obwohl die Entwicklung der ANT-25 oftmals Pawel O. Suchoi zugeschrieben wird, waren wegen der Wichtigkeit und Dringlichkeit dieses Auftrages alle Abteilungen Tupolew's daran beteiligt. Allerdings war es trotz dem Einsatz aller Käfte nicht möglich, den geforderten Rekordflugtermin im Sommer 1932 einzuhalten, denn erst im Juli dieses Jahres waren die Entwicklungsarbeiten an der ANT-25 abgeschlossen und im Juni des folgenden Jahres wurde die erste RD fertiggestellt und flog erstmals am 22. des Monats. Trotz ihrer guten Flugeigenschaften wurde bald klar, dass die RD mit ihrem AM-34-Triebwerk keine Flüge über 48 Stunden würde durchführen können. Auch der nachträgliche Einbau eines Kompressors, die die Leistung des Motors auf 874 PS steigerte, versprach keine Langstreckenrekorde und deshalb setzte man alle Hoffnungen auf die zweit ANT-25, die einen 900 PS leistenden Mikulin AM-34R erhielt und im August 1933 aus der Werkshalle gerollt wurde. Mit der Bezeichnung RD Dubler (doppelt) flog dieses Flugzeug erstmals am folgenden 10. September. Nach einigen weiteren Modifikationen während der Flugerprobung der RD Dubler führte die Maschine ab dem Sommer 1934 eine Reihe von nationalen und internationalen Langstreckenflügen durch, die am 18. Juni 1937 in einem prpoagandaträchtigen Flug in die USA mündeten, als die die RD Dubler mit dem Namen »Stalinskij Marschrut« (»Stalin's Marschroute« bzw. »Stalin's Plan«) in Richtung der Vereinigten Staaten startete und nach 63 Stunden 25 Minuten Flugzeug nahe der Stadt Portland im Bundesstaat Washington ankam.[6] Der letzte und längste Langstreckenflug einer ANT-25 erfolgte ca. einen Monat später, als die RD Dubler am 12. Juli 1937 Moskau verließ, in 62 Stunden 17 Minuten Flugzeit nonstop 11.500 km zurücklegte und in San Jacinto, Kalifornien, landete. Als einer der nächsten Langstreckenflüge war eine Weltumrundung entlang des 57. Breitengrades für den 20. Juli 1941 geplant, doch der Eintritt der Sowjetunion in den Zweiten Weltkrieg knapp ein Monat davor verhinderte dieses Vorhaben. Bereits 1933/34 bestellte die V-VS 50 modifizierte ANT-25 als Langstreckenbomber und Besatzungstrainer ANT-36, RDD (RD Dieselnji) bzw. DB-1 (Dalnii Bombardirovschik = Langstreckenbomber). Anfang des Jahres 1936 waren 13 dieser Flugzeuge von der GAZ-18 in Woronesch ausgeliefert – danach wurden die restlichen Aufträge storniert. Von den RDD erflog keine Maschine einen Rekord, jedoch wurden vier Exemplare an das BOK (Buro Osovikh Konstruktsii = Konstruktionsbüro für Experimentalflugzeuge) abgegeben und dort zu den Höhen- und Langstreckenforschungsflugzeuen BOK-1, BOK-7, BOK-11 und BOK-15 umgebaut. Als allerletzte ANT-25 wurde 1989 eine Replik vom OKB Alexei A. Tupolew für das Luftfahrtmuseum in Monino gebaut.

[6] Neben der Stadt Portland in Washington gibt es noch eine Reihe weiterer Städte dieses Namens in dem amerikanischen Bundesstaaten Conneticut, Indiana, Maine, Oregon, Tennessee und Texas.

Tupolew ANT-16 (TB-4)

Flugzeugtyp:	Tupolew ANT-16/TB-4
Verwendungszweck:	überschwerer Bomber
Besatzung:	12
Antrieb:	sechs Mikulin AM-34 Zwölfzylinder V-Motoren mit je PS 680 PS
Spannweite:	54,00 m
Länge:	32,00 m
Höhe:	11,70 m
Flügelfläche:	422,00 m²
Leergewicht:	21.400 kg
Startgewicht:	33.280 kg
Höchstgeschwindigkeit in Bodennähe:	200 km/h
in 5.000 m:	188 km/h
Reisegeschwindigkeit:	159 km/h
Landegeschwindigkeit:	105 km/h
Gipfelhöhe:	2.750 m
Steigzeit auf 1.000 m:	12′ 24"
Reichweite:	1.000 km
Bewaffnung:	zwei 20 mm SchWAK MKs bis zu zehn 7,62 mm-MGs DA bis zu 10.000 kg Abwurflasten

Aufgrund der Erfolge der Tupolew TB-1 und TB-3 begann die AGOS im März 1930 mit den Arbeiten an dem Projekt ANT-16, einem sechsmotorigen Bomber. Obwohl die V-VS keinen Auftrag für dieses Großflugzeug erteilte konnte A. N. Tupolew die Finanzierung eines als TB-4 bezeichneten Prototyps sicherstellen, dessen Ausgangspunkt natürlich die Tupolew TB-3 war. Die größte Neuerung bei der TB-4 war ihr Bombenraum, in dem entweder 40 FAB-250 oder 20 FAB-500 mitgeführt werden konnten und bei dessen Entwicklung auch das AGOS-Team von Michialowitsch M. Mjasitschew beteiligt war. Anstelle der ursprünglich geplanten, je 600 PS leistenden Curtiss Conqueror 12 Zylinder V-Motoren kamen Mikulin M-34-Triebwerke zum Einbau. Der Erstflug der TB-4, dem damals größten Landflugzeug der Welt, erfolgte am 3. Juli 1933 – jedoch zeigte das Flugzeug trotz der insgesamt 4.080 PS seiner sechs M-34-Motoren keine beeindruckenden Flugleistungen. Der Testpilot Michael M. Gromow mutmaßte, dass die 2 m dicken Flügelvorderkanten einen Teil des Vortriebs der vier Luftschrauben in den Tragflächen egalisierten und die Geschwindigkeit der TB-4 aus diesem Grund unter den Erwartungen blieb und sogar schlechter waren als jene der TB-3. Alle Versuche, das Problem zu beheben blieben erfolglos und so wurde der Großbomber 1936 abgewrackt.

Trotz ihrer sechs V-Motoren zeigte die Tupolew TB-4 keine besseren Flugleistungen als der Vorgänger TB-3 und blieb somit ein Einzelstück.

Tupolew ANT-21 (MI-3)

Flugzeugtyp:	Tupolew ANT-21/MI-3
Verwendungszweck:	mehrsitziges Jagdflugzeug
Besatzung:	4
Antrieb:	zwei Mikulin M-17B Zwölfzylinder V-Motoren mit je 680 PS Leistung
Spannweite:	19,11 m
Länge:	10,85 m
Flügelfläche:	52,10 m²
Leergewicht:	3.412 kg
normales Startgewicht:	5.088 kg
Höchstgeschwindigkeit in Bodennähe:	351 km/h
Gipfelhöhe:	7.885 m
Bewaffnung:	sechs bis acht 7,62 mm-MGs DA und/oder PV-1 bis zu 600 kg Abwurflasten

Im Januar 1932 bestellte die V-VS ein mehrsitziges Jagdflugzeug als Nachfolger der Tupolew KR-6 (ANT-7), dessen Entwicklung das Team von Alexander A. Archangelski übernahm, welches dabei auch auf Tragflächenteile der KR-6 zurückgriff. Der Prototyp wurde als MI-3 (Mnogomestnii Istrebitel = mehrsitziges Jagdflugzeug) bezeichnet und sollte zwischen sechs und acht Maschinengewehre des Kalibers 7,62 mm mitführen. Die ANT-21, die den Spitznamen »Mitrich« (von »Dimitri« und »MI«-3 abgeleitet) erhielt, flog erstmals am 1. August 1933 und wurde anschließend bis zum 14. September desselben Jahres beim TsAGI erprobt. Dabei erreichte das Flugzeug in flachen Sturzflügen eine Geschwindigkeit von 350 km/h. Als die MI-3 sich aber bei weiteren Flügen der 400 km/h-Grenze näherte, begann sie zu flattern und war nur mehr schwer zu steuern. Deshalb wurde bis April 1934 ein verbesserter zweiter, komplett überarbeiteter Prototyp gebaut, der als ANT-21bis bzw. MI-3D (Dubler) bezeichnet wurde. Die Flugerprobung der MI-3D erfolgte von Juli bis Dezember 1934 und befriedigte nun die Anforderungen der Piloten des NII. Doch hatten sich inzwischen die Anforderungen der V-VS geändert und ein mehrsitziges Jagdflugzeug mit ausschließlicher MG-Bewaffnung wurde nicht mehr benötigt, weshalb das Projekt eingestellt wurde.

Die Tupolew ANT-21/MI-3, hier aufgenommen am 26. August 1933 in Khodinka, war ein viersitziges Jagdflugzeug.

Tupolew ANT-27 (MDR-4, MTB-1)

Flugzeugtyp:	Tupolew ANT-27/MDR-4
Verwendungszweck:	Seeaufklärungsflugboot
Besatzung:	4 – 5
Antrieb:	drei Mikulin AM-34R Zwölfzylinder V-Motoren mit je 830 PS Leistung
Spannweite:	39,40 m
Länge:	21,90 m
Flügelfläche:	177,50 m²
Leergewicht:	10.500 kg
normales Startgewicht:	14.660 kg
Höchstgeschwindigkeit in Bodennähe:	232 km/h
in 3.000 m:	211 km/h
Landegeschwindigkeit:	100 km/h
Gipfelhöhe:	5.450 m
Steigzeit auf 1.000 m:	4′ 36"
Reichweite:	1.230 km
max. Flugdauer:	7 h
Bewaffnung:	eine 20 mm-MK Oerlikon; zwei 7,62 mm-MGs SchKAS; bis zu 500 kg Abwurflasten

Die unbefriedigenden Leistungen des von Igor Wjatscheslawowitsch Tschetwerikow entworfenen Flugbootes MDR-3 führten zum Abbruch dieses Projektes und dessen Pläne wurden dem KOSOS übergeben, wo Iwan I. Pogosski von Tschetwerikow's Flugboot nur die Basis der Rumpfstruktur für seine Tupolew ANT-27 übernahm. Der unbewaffnete Prototyp MDR-4 startete erstmals im März 1934 am Ufer des Asowschen Meeres. Am folgenden 15. April stürzte die ANT-27 beim jedoch Start ab, wobei neben dem Piloten auch ihr Konsturkteur Iwan I. Pogosski um's Leben kam. Aufgrund des dringenden Bedarfs der V-MF an einem Aufklärungsflugboot wurde unter der Leitung von Alexander Pietrowitsch Golubkow bis zum März 1935 ein zweiter Prototyp als ANT-27bis bzw. MTB-1 (Morskoi Torpedonosets Bomardirovschik = Marine Torpedobomber) fertiggestellt. Aufgrund der großen Dringlichkeit wurde entschieden, gleichzeitig mit der Flugerprobung der ANT-27bis, bei der GAZ-31 in Taganrog auch gleich mit den Vorbereitungen für die Serienproduktion von 15 MTB-1 zu beginnen. Am 23. Mai 1935 stürzte jedoch auch die ANT-27bis ab, dennoch wurde die Serienfertigung der 15 Flugboote aufgenommen, welche bis 1942 im Einsatz blieben.

Die Tupolew ANT-27 wurde mit hoher Dringlichkeit als Ersatz für das fehlgeschlagene Projekt Chetverikow MDR-3 entwickelt.

Tupolew ANT-20 (MG, PS-124)

Flugzeugtyp:	Tupolew ANT-20/PS-124
Verwendungszweck:	Passagier- und später Transportflugzeug
Besatzung:	9 – 10
Antrieb:	sechs Mikulin AM-34 FRNV Zwölfzylinder V-Motoren mit je 1.200 PS, ab 12/1940 Mikulin AM-35 Zwölfzylinder V-Motoren mit gleicher Leistung
Spannweite:	63,00 m
Länge:	34,10 m
Höhe:	10,86 m
Flügelfläche:	486,00 m²
Leergewicht:	31.300 kg
Startgewicht:	44.000 kg
max. Startgewicht:	53.000 kg
Höchstgeschwindigkeit in Bodennähe:	235 km/h
in 3.500 m	275 km/h
Landegeschwindigkeit:	100 km/h
Gipfelhöhe:	5.500 m
Reichweite:	1.300 km
Startstrecke:	500 m
Landestrecke:	500 m
Zuladung:	64 – 85 Passagiere oder 15.500 kg

Im Jahr 1931 begannen bei der AGOS unter der Leitung von Wladimir M. Petljakow und Alexander A. Archangelski die Arbeiten an einem großen Passagierflugzeug für die Aeroflot. Als die Lufffahrtabteilung für Wasser- und Experimentalflugzeuge im Juli 1933 den Auftrag für ein solches Flugzeug erhielt, waren die Pläne für die ANT-20 bereits fertiggestellt. Sie war eine vergrößerte Weiterentwicklung der ANT-16, sollte bis zu 70 Fluggäste transportieren und durch sechs Miklulin AM-34R-Motoren mit je 830 PS Leistung angetrieben werden. Der populärste marxistische Schriftseller dieser Zeit war Maxim Gorki, der mit seinen Werken auch im Ausland berühmt wurde, starken Einfluss auf die sowjetrussische Kulturpolitik und auf eine junge Schriftstellergeneration hatte. Anläßlich des 40. Jubiläums seines Durchbruchs als Autor wurde von dem Journalisten Mikahil Koltsow der Bau eines »gigantischen Flugzeuges« zur Feier von Gorki's ersten Veröffentlichungen angeregt, welche bei Stalin schnell Unterstützung fand. Es wurde eine Kampagne zur Aufstellung einer Propagandastaffel gestartet, deren Flaggschiff die Tupolew ANT-20 MG (Maxim Gorki) werden sollte, von der ursprünglich elf Exemplare geplant waren. Da die für dieses Flugzeug vorgesehenen AM-34R-Triebwerke noch nicht zur Verfügung standen, wurden wie bei der TB-4 zwei weitere Motoren in einer Gondel über dem

Die Tupolew ANT-20 »Maxim Gorki« war als größtes Flugzeug seiner Zeit auch das Flaggschiff der »Agitationsstaffel Maxim Gorki«. Foto: via Dipl.Ing. Jerzy Butkiewicz

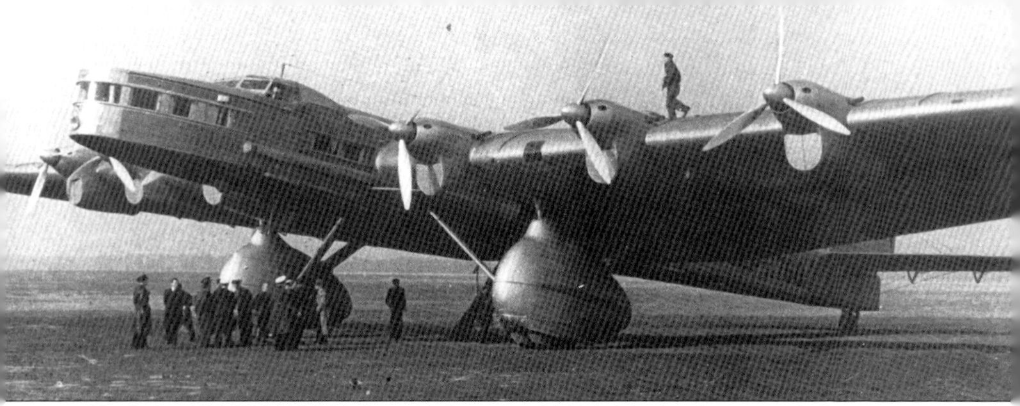

Die einzige ANT-20bis/PS-124 diente bis Dezember 1942 bei der Aeroflot, zuerst als Passagier- und danach als Transportflugzeug.

Rumpf mit Druck- und Schubpropeller montiert und in die »Maxim Gorki« insgesamt acht Mikulin AM-34FRN-Triebwerke eingebaut. Nach neun Monaten wurde die erste MG in Einzelteilen an die GAZ-22 geliefert und zusammengebaut. Am 24. April 1934 erfolgte der Erstflug der ANT-20 MG auf dem Moskauer Zentralflughafen Khodinka und am 16. Juni wurde die »Maxim Gorki« über dem Roten Platz als größtes Flugzeug der Welt erstmals der Öffentlichkeit vorgestellt. Danach erhielt die MG als erstes Flugzeug in der Sowjetunion einen Autopiloten eingebaut. Zur weiteren speziellen Ausrüstung zählten Außenlautsprecher und auf der Unterseite ihrer Tragflächen wurden eine Reihe von Lichtern für Propagandatexte montiert. Die geringen Motorengeräusche im Inneren der MG ermöglichten Rundfunkübertragungen während des Fluges. Weiteres befanden sich ein Buffet, Toiletten, eine Telefonzentrale, eine Kinoausrüstung, ein Fotolabor und ein Arbeitsraum für Journalisten mit Schreibmaschinen an Bord. Bei einem Propagandaflug am 18. Mai 1935 wollte der begleitende Jagdflieger N. P. Blagin in seiner I-5 einen Looping um die »Maxim Gorki« fliegen, kollidierte dabei aber mit einer Tragfläche des Großflugzeuges. Beim folgenden Absturz beider Flugzeuge kamen sowohl Blagin als auch die 12 Besatzungsmitglieder der MG und 33 an Bord befindliche Passagiere ums Leben.

In der Zwischenzeit waren stärkere Motoren verfügbar, welche die zusätzlichen Tandemtriebwerke auf dem Rumpf der ANT-20 »Maxim Gorki« verzichtbar machten. Es kam zu keinem Bau weiterer MG, da die russische Flugzeugindustrie eine solche Aufgabe in kurzer Zeit nicht bewältigen konnte. Ebenso wurde auf die Bomberversion ANT-20V, die mit zwei 20 mm Maschinenkanonen, zwölf 7,62 mm Maschinengewehren sowie Abwurflasten von 12.000 kg geplant war und auf die Version ANT-20Sch, welche als Stabsflugzeug für das militärische Oberkommando »Moskau und Wolga« vorgesehen war, verzichtet. Anfang des Jahres 1938 begann man bei der GAZ-124 in Kasan mit dem Bau einer weiterentwickelten ANT-20bis mit sechs Mikulin AM-34 FRNV-Motoren mit je 1.200 PS Leistung, durch Stalin's »Säuberungsaktionen« hatte sich die Stimmung im Land geändert und es bestand kein Bedarf mehr an weiteren Propagandaflugzeugen. Nach dem Jungerfernflug der ANT-20bis Ende 1939 und der nachfolgenden Erprobung durch das NII wurde das Flugzeug als Passagierflugzeug für 64 bis 85 Fluggäste und neun Besatzungsmitglieder unter der Bezeichnung PS-124 der Aeroflot übergeben. Im Dezember 1940 erhielt die PS-124 neue Mikulin AM-35-Triebwerke ebenfalls mit je 1.200 PS Leistung. Sie diente danach als Transportflugzeug im Hinterland der Sowjetunion. Als die PS-124 am 14. Dezember 1942 aus 500 m Höhe abstürzte und dabei 10 Besatzungsmitglieder sowie 26 Passagiere in den Tod riß, hatte sie insgesamt 969 Stunden in der Luft verbracht. Zum Bau weiterer 18 geplanter PS-124 kam es infolge der »Säuberungen« nicht mehr, da Fachleute dafür fehlten.

Tupolew ANT-22 (MK-1)

Flugzeugtyp:	Tupolew ANT-22/MK-1
Verwendungszweck:	Langstreckenseeflugzeug
Besatzung:	8
Antrieb:	sechs Mikulin AM-34R Zwölfzylinder V-Motoren mit je 830 PS Leistung
Spannweite:	51,00 m
Länge:	24,10 m
Höhe:	6,40 m
Flügelfläche:	304,50 m²
Leergewicht:	21.663 kg
max. Startgewicht:	33.560 kg
Höchstgeschwindigkeit in Bodennähe:	233 km/h
Reisegeschwindigkeit:	180 km/h
Landegeschwindigkeit:	110 km/h
Gipfelhöhe:	3.500 m
Steigzeit auf 1.000 m:	10' 18"
Reichweite:	1.350 km
max. Flugdauer:	7 h
Startstrecke:	600 m
Landestrecke:	600 m
Bewaffnung:	zwei 20 mm-MKs Oerlikon; zwei 7,62 mm doppelläufige MGs DA-2; zwei 7,62 mm-MGs SchKAS; bis zu 6.000 kg Abwurflasten

Im Jahr 1929 verlangte die V-MF nach einem sogenannten Morskoi Kreiser (Marine Kreuzer) und neben eingen anderen Flugzeugherstellern beteiligte sich auch Tupolew mit der ANT-11 an dieser Ausschreibung. Aufgrund der größeren Dringlichkeit anderer Tupolew-Entwicklungen blieb die ANT-11 jedoch nur ein Projekt und die Arbeiten an einem neuen Morskoi Kreiser mit der Bezeichnung ANT-22 begannen erst im Dezember 1931. Der Prototyp konnte durch wiederholte Verzögerungen erst Anfang August 1934 als MK-1 fertiggestellt werden. Das Doppelrumpf-Flugboot wurde von sechs Mikulin AM-34R 12 Zylinder V-Motoren, montiert in drei Gondeln über der Tragfläche, angetrieben und war bis in die 1960er Jahre das größte russische Wasserflugzeug. Die Motorgondeln basierten auf denen der Tupolew TB-4 und die 4 m großen Luftschrauben waren die gleichen wie bei der ANT-20. Die Erprobung begann mit dem Jungfernflug am 8. August 1934 bei Sewastopol. Im Verleich zu der hervorragenden Manövierbarkeit dieses großen Flugbootes im Wasser erwiesen sich jedoch die Flugeigenschaften der MK-1 als unterdurchschnittlich. Aufgrund der schlechten Flugleistungen wurde kein Serienauftrag für die MK-1 erteilt. Dennoch wurde die ANT-22 weiterhin erprobt, stieg nach einigen Modifikationen im Dezember 1936 mit einer Zuladung von 10.040 kg auf 1.942 m Höhe und erzielte damit einen Weltrekord. Später transportierte die MK-1 auch einmal 13.000 kg Zuladung – doch all diese Rekordleistungen führten zu keiner Serienfertigung mehr.

Die Tupolew MK-1 war bis in die 1960er Jahre das größte Flugboot russischen Ursprungs, blieb aber aufgrund zu geringer Leistungen ein Einzelstück.

Tupolew ANT-40 (SB, PS-40, PS-41, USB)

Nachdem die sowjetische Luftwaffenführung Ende 1933 einen leichten, 330 km/h schnellen Hochgeschwindigkeitsbomber forderte, übertrug Andrej N. Tupolew im Januar 1934 die Entwicklung der ANT-40 einer Entwicklungsgruppe unter der Leitung von Alexander A. Archangelski. Das Flugzeug basierte auf der erst vier Monate später fliegenden ANT-29 und der Prototyp der ANT-40-1 absolvierte unter der Bezeichnung SB (Skorostnoi Bombardirovschik = schnelles Bombenflugzeug) mit zwei je 710 PS leistenden Wright SR-1820-F3 Cyclone Neunzylinder-Sternmotoren seinen Jungfernflug am 7. Oktober 1934. Als Folge eines Landeunfalls 24 Tage später erhielt die SB anlässlich ihrer Reparatur einen längeren Rumpf und bei gleich bleibender Spannweite, sich stärker verjüngende Flügelspitzen sowie zwei je 760 PS leistende 14-Zylinder-Doppelsternmotoren Mikulin M-85 eingebaut. Dieses Triebwerk basierte auf dem französischen Gnôme-Rhône K14 Mistral Major 14-Zylinder-Doppelsternmotor. Danach wurde die Flugerprobung der SB fortgesetzt und am 31. Juli 1935 abgeschlossen. Ende September desselben Jahres erschien der zweite Prototyp SB 2HS (SB-1), der auf Tupolew's Initiative hin zwei je 760 PS leistende Hispano-Suiza 12Ybrs Zwölfzylinder V-Motoren ehielt, um die SB auch mit wassergekühlten Triebwerken zu erproben. Die ANT-40-2 (SB 2) hingegen war wiederum ein direkter Nachfolger des ersten Prototyps ANT-40-1, wurde zwischen September 1935 und April 1936 erprobt und diente zur Festlegung der Produktionsstandards. So wurden z.B verschiedene Propeller getestet, unterschiedliche Varianten von Abwurflasten und auch ungelenkte RS-132 (Reaktivnji Snarjad = rückstoßgetriebe-

Flugzeugtyp:	Tupolew ANT-40/SB 2M-100
Verwendungszweck:	Bomber (SB)
Besatzung:	3
Antrieb:	zwei Klimow M-100 Zwölfzylinder V-Motoren mit ja 750 PS Leistung
Spannweite:	20,33 m
Länge:	12,24 m
Höhe:	3,25 m
Flügelfläche:	56,70 m²
Leergewicht:	4.138 kg
Startgewicht:	5.628 kg
Höchstgeschwindigkeit in Bodennähe:	326 km/h
in 4.000 m:	393 km/h
Gipfelhöhe:	9.000 m
Steigzeit auf 1.000 m:	1' 36"
5.000 m:	11' 42"
Reichweite:	1.250 km
Startstrecke:	300 m
Landestrecke:	300 m
Bewaffnung:	bis zu vier 7,62 mm-MGs SchKAS bis zu 1.000 kg Zuladung (SB)

Die Tupolew SB-2 war Ende der 1930er Jahre der wichtigste Bomber der V-VS.

ne Rakete). Bereits 1934 begann Alexander A. Archangelski mit den Vorbereitungen für die Serienfertigung der SB in bei der GAZ-22 in Fili und der GAZ-125 in Irkutsk. Als erste Serienversion erschien ab Anfang des Jahres 1936 die

Aufgrund zahlreicher Unfälle bei der Umschulung auf die Tupolew SB-2 wurde ab Spätsommer 1937 die Schulversion USB eingeführt.

SB 2M-100, die mit ihren beiden 750 PS leistenden Zwölfzylinder V-Motoren Klimow M-100 von ihren Flugleistungen her eine Herausforderung für alle zeitgenössischen Jagdflugzeuge war und nach einer Operettenfigur bald den Spitznamen »Katjuscha« erhielt. Ab November 1936 waren die mit 840 PS leistungsfähigeren M-100A-Motoren erhältlich, was zur nachfolgenden Serienversion SB 2M-100A führte. Im Mai des folgenden Jahres erschien als Einzelstück die SB 2M-100A modernizirowannji (modernisiert) mit einem neuen MG-Rückenturm des Typs MV-3. Diese Variante wurde zwar für die Serienproduktion empfohlen, jedoch nicht gebaut. Eine SB wurde 1936 zum Transportflugzeug PS-40 umgebaut und konnte drei Frachtkontainer von je 2,58 m³ und eine maximale Zuladung von 7.000 kg aufnehmen. Bis zum Jahr 1940 wurden weitere 46 PS-40 für die Aeroflot hergestellt. Im Januar 1937 erschien der Klimow M-103-Motor mit Kompressor und 860 PS Leistung und führte im Herbst 1939 zur Version SB 2M-103. Die relativ große Anzahl an Flugunfällen mit der SB führte im September 1937 zum Trainerprototyp USB (Uchebnii Skorostnoi Bombardirovschik = Hochgeschwindigkeits Trainings Bomber), der ein offenes Cockpit in seinem unverglasten verlängerten Bug hatte. Von diesem Schulflugzeug wurden mehr als 120 Exemplare hergestellt. Ein Einzelstück war die SB bis 2 (SB 2bis), welche mit polierten Tragflächen im März 1938 eine Geschwindigkeit von 428 km/h erreichte. Bei der nachfolgenden SB bis 3 (SB-3bis) wurde die Triebwerksinstallation stark modifiziert und diese Neuerung ab Frühling 1938 in die Serienfertigung übernommen. Die Frachtversion PS-41 für die Aeroflot basierte auf der SB bis 3, hatte aber zwei 960 PS leistende M-103U-Motoren eingebaut und die nachfolgende PS-41bis konnte auch zwei 340 lt Außentanks mitführen. Insgesamt wurden 38 PS-41 an die Aeroflot ausgeliefert. In der bereits erwähnten Version SB 2M-103, deren Serienfertigung im

Die Tupolew SB 2M-103 erschien im Herbst 1939 und war die schnellste Version.

Herbst 1939 begann, kam neben den stärkeren Triebwerken als weitere Modifikationen auch die Motorinstallation der SB bis 3 und der MG-Turm MV-3 der SB 2M-100A modernizirowannji zum Einbau. Im selben Jahr wurden auch knapp 30 Exemplare der SB 2M-104 und zwei SB 2M-106 gebaut, deren Motoren jedoch nicht erfolgreich waren, weshalb eine Serienfertigung dieser beiden Varianten unterblieb. Im Jahr 1939 entwickelte Alexander A. Archangelski den Prototyp SB RK (Razreznoe Krjlo = geschlitze Tragfläche, was auf ein komplexes System geschlitzer Klappen in den Tragflächen hinwies). Die SB RK erhielt neben zahlreichen anderen Verbesserungen auch leistungsgesteigerte Klimow M-105R- Motoren mit 1.050 PS Leistung, stromlinienförmig verkleidete Kühler sowie andere Propeller. Auch die Zuladung wurde auf 1.500 kg angehoben. Das Ergebnis war die Archangelski Ar-2, welche bei der GAZ-124 von 1940 bis zur Evakuierung Kasans vor der heranrückenden deutschen Wehrmacht im folgenden Jahr, in 200 Exemplaren gebaut wurde und sich leistungsmäßig jeder Tupolew SB-Version überlegen zeigte. Es wurden auch Versuche mit Bugfahrwerken durchgeführt – aber Anfang 1941 war auch die SB 2 technisch überholt und die Serienproduktion in der Sowjetunion lief nach 6.831 Flugzeugen aus. Weitere 111 SB 2 von ursprünglich 161 geplanten Maschinen wurden von 1937 bis 39 als Avia B.71 in der Tschechoslowakei nachgebaut, von denen Bulgarien 31 Exemplare im Jahr 1939 erwarb. Ab Oktober 1936 erhielten die republikanischen Truppen in Spanien 210 dieser Bomber und zwischen 1937 und 1941 wurden 285 Tupolew SB 2M-100 und SB 2M-103 sowie drei USB nach China geliefert. Aber auch die jeweiligen Kriegsgegner erbeuteten und verwendeten dieses Flugzeug. So verwendeten die Finnen in ihrem Konflikt mit der Sowjetunion ungefähr 50 Tupolew SB 2, die teilweise erbeutet und repariert wurden und zum Teil deutsche Beuteflugzeuge waren. Auch die deutsche Luftwaffe setzte SB 2 und B.71 als Schulungs- und Schleppflugzeuge ein. In geringen Stückzahlen wurden erbeutete SB 2 auch von Franco-Truppen während des Bürgerkrieges in Spanien und im Zweiten Weltkrieg von den Luftstreitkräften der Slowakei eingesetzt. Schließlich erhielt ab 1945 als letztes auch die polnische Luftwaffe einige SB 2 von ihrem neuen Verbündeten Sowjetunion geliefert.

Tupolew ANT-29 (DIP)

Flugzeugtyp:	Tupolew ANT-29/DIP
Verwendungszweck:	schweres Jagdflugzeug
Besatzung:	2
Antrieb:	zwei Hispano-Suiza 12Ybrs Zwölfzylinder V-Motoren mit je 760 PS
Spannweite:	19,19 m
Länge:	11,10 m
Flügelfläche:	56,80 m²
Leergewicht:	3.900 kg
max. Startgewicht:	5.300 kg
Höchstgeschwindigkeit in Bodennähe:	296 km/h
in 4.000 m:	352 km/h
Steigzeit auf 3.000 m:	5′ 36"
auf 5.000 m:	9′ 36"
Bewaffnung:	zwei rückstoßfreie 10,2 cm Kanonen APK-8; zwei 20 mm-MK SchWAK oder; zwei 7,62 mm-MG SchKAS (geplant); keine Abwurflasten

Acht Monate nach dem Beginn der Arbeiten an der Tupolew MI-3 im Januar 1932, stellte die V-VS der AGOS Geldmittel zur Entwicklung eines weiteren schweren Jagdflugzeuges zur Verfügung, welches mit der größtmöglichen rückstoßfreien Kanone bewaffnet werden sollte. Die Leitung dieses Projektes übernahm Tupolew's Stellvertreter Pawel O. Suchoi unter der Mitwirkung von Alexander A. Archangelski. Das auch als DIP (Dvukhmestnii Istrebitel Puschechnii = zweisitziges Jagdflugzeug mit Kanonen) bezeichnete Flugzeug erhielt zwei untereinander angeordnete APK-8-Kanonen des Kalibers 10,2 cm an der Unterseite des Rumpfes, die unter der Flugzeugnase hervorragten und vom hinteren Cockpit aus nachgeladen werden konnten. Obwohl das Vorgängerprojekt MI-3D Ende des Jahres 1934 eingestellt wurde hatte dies zwar keinen Einfluss auf das DIP, doch aufgrund der größeren Dringlichkeit der gleichzeitig in Entwicklung stehenden ANT-40/SB wurde wurde der DIP-Prototyp, ausgerüstet mit zwei 760 PS leistenden Hispano-Suiza 12Ybrs Zwölfzylinder V-Motoren, erst Anfang Februar 1935 fertiggestellt und flog erstmals am 14. des Monats. Die Steuerflächen des Flugzeugs erwiesen sich jedoch also so ineffektiv, dass die Erprobung abgebrochen und der Prototyp für Modifikationsarbeiten an die ZOK zurückgesandt wurde. Aufgrund dieser Verzögerung konnte die Flugerprobung des DIP erst Ende 1935 fortgesetzt werden. Da nun auch die langsam feuernden rückstoßfreien APK-8-Kanonen nicht befriedigten, wurden Versuche mit ungelenkten RS-82 Raketen durchgeführt. Der Erprobungsabschlußbericht des NII entsprach allerdings den ursprünglichen Intentionen der V-VS nicht und deshalb wurde das Projekt im folgenden Jahr aufgegeben.

Die Tupolew ANT-29 entstand unter der Leitung von Pawel O. Suchoi als schweres Jagdflugzeug mit zwei rückstoßfreien Kanonen des Kalibers 10,2 cm.

Tupolew ANT-37 (DB-2)

Nach dem erfolglosen Versuch, aus dem Rekordflugzeug Tupolew ANT-25/RD ein Langstreckenflugzeug (ANT-36 bzw. RDD) für die V-VS zu entwickeln, begann Suchoi's Entwicklungsteam bei der AGOS Ende 1934 mit den Arbeiten an einem neuen, nun allerdings zweimotorigen Langstreckenbomber, bei dem möglichst viele Teile von der ANT-25 übernommen wurden. Eine geplante 20 mm Panzerung der Flugzeugnase und ein Waffenturm auf dem Rumpf mit zwei 7,62 mm SchKAS MGs wurden allerdings nicht verwirklicht. Eine Zuladung bis zu 1.000 kg war ebenfalls vorgesehen und das Leitwerk der neuen ANT-37 war eine vergrößerte Version von jenem der ANT-25. Der Prototyp mit der Bezeichnung DB-2 (Dalnii Bombardirovschik), angetrieben von zwei je 800 PS leistenden Gnôme-Rhône K14 Mistral Major 14-Zylinder-Doppelsternmotoren, flog erstmals am 16. Juni 1935. Die folgende Erprobung

Flugzeugtyp:	Tupolew ANT-37/DB-2
Verwendungszweck:	Langstreckenbomber, Langstreckenrekordflugzeug
Besatzung:	3
Antrieb:	zwei Gnôme-Rhône K14 Mistral Major 14-Zylinder-Doppelsternmotoren mit je 800 PS Leistung
Spannweite:	33,20 m
Länge:	15,00 m
Flügelfläche:	84,90 m²
Leergewicht:	5.000 kg
Startgewicht:	9.450 kg
Höchstgeschwindigkeit in Bodennähe:	301 km/h
in 4.000 m:	342 km/h
Gipfelhöhe:	8.000 m
Reichweite:	5.000 km
max. Flugdauer:	30 Stunden
Startstrecke:	1.000 m
Bewaffnung:	ein Zwillings-MG 7,62 mm SchKAS (geplant)

Mit der Tupolew DB-2B »Rodina« erflogen drei Pilotinnen im September 1938 den Langstreckenrekord für Frauen.

Die Tupolew ANT-37/DB-2 war als Ersatz für die ANT-36/RDD gedacht, erfüllte aber auch wie ihr Vorgänger die in sie gesetzten Erwartungen nicht.

verlief weitgehend zufriedenstellend, jedoch stellte sich heraus, dass die waagerechten Flächen des Leitwerkes bei höheren Geschwindigkeiten in flachen Sturzflügen zu starken Schwingungen neigten. Bei einem Flug am 20. Juli 1935 brach aufgrund dieses Verhaltens der hintere Rumpf der ANT-37 und die Besatzung verließ das abstürzende Flugzeug mit ihren Fallschirmen, wobei jedoch der Bordingenieur um's Leben kam. Dieser tragische Unfall zog eine intensive Überprüfung aller Steuerflächen nach sich, die Ende 1935 auch in der Fachzeitschrift »Teknicha Vozduschnogo Flota« (»Luftflotten Technik«) publiziert wurde. Anfang des Jahres 1936 erschien als zweiter Prototyp die DB-2D (Dubler), ausgestattet mit zwei Mikulin M-85 14-Zylinder-Doppelsternmotoren von je 760 PS Leistung, die neben anderen Verbesserungen auch einen verstärkten hinteren Rumpf erhalten hatte und wurde nach dem Erstflug am 25. Februar 1936 beim NII getestet. Am 20. August desselben Jahres bewies die DB-2D bei einem Nonstopflug mit 1.000 kg Zuladung über 4.995 km von Moskau nach Omsk und wieder zurück mit einer Durchschnittsgeschwindigkeit von 213 km/h ihre Langstreckenqualitäten. Nach dem Abschluß der Flugerprobung wurde trotz ihrer enttäuschenden Flugleistungen die Serienfertigung der Tupolew DB-2D angeordnet, jedoch bald zugunsten der leistungsfähigeren Iljuschin DB-3 wieder zurückgenommen. Auf Anordnung der Sowjetregierung baute die KOSOS 1935 unter der Bezeichnung ANT-37bis (DB-2B) einen dritten Prototyp[7] als ziviles Langstreckenflugzeug mit zwei von Sergej K. Tumanski entwickelten Mikulin M-86 14-Zylinder-Doppelsternmotoren von je 870 PS Leistung. Das Flugzeug hatte zwölf Tragflächentanks eingebaut und erhielt auch eine Reihe von aerodynamischen Verbesserungen. Der Jungfernflug der DB-2B mit dem Namen »Rodina« (»Mutterland«) erfolgte im Februar 1936 und drei weitere Maschinen wurden bestellt. Eine vierte DB-2B mit vergrößerter Spannweite wurde nicht mehr fertiggestellt. Mit der »Rodina« erflogen drei Pilotinnen am 24./25. September 1938 in 26 Stunden 29 Minuten mit 5.908 km von Moskau nach Sibirien, bis zum Ufer des Flusses Amur, einen Langstreckenrekord für Frauen. Anschließend wurden alle DB-2B bei der Aeroflot eingesetzt und standen während des Zweiten Weltkrieges in Moskau als Forschungs- und Erprobungsflugzeuge im Dienst.

[7] *Nach manchen Quellen handelte es sich bei der ersten ANT-37bis/DB-2B um kein neues Flugzeug sondern um den umgebauten Prototyp ANT-37/DB-2D.*

Tupolew ANT-46 (DI-8)

Flugzeugtyp:	Tupolew ANT-46/DI-8
Verwendungszweck:	schweres Jagdflugzeug
Besatzung:	2
Antrieb:	zwei Wright Cyclone SR-1820-F3 Neunzylinder-Sternmotoren mit je 710 PS Leistung
Spannweite:	20,33 m
Länge:	12,24 m
Flügelfläche:	56,70 m²
Leergewicht:	3.487 kg
max. Startgewicht:	5.553 kg
Höchstgeschwindigkeit in Bodennähe:	344 km/h
in 4.250 m:	388 km/h
Gipfelhöhe:	8.570 m
Steigzeit auf 3.000 m:	6′ 48″
auf 5.000 m:	11′ 24″
Reichweite:	1.780 km
Bewaffnung:	zwei 4,5 cm rückstoßfreie Kanonen APK-11; vier 7,62 mm-MG SchKAS; bis zu 800 kg Abwurflasten

Im November 1934 bestellte die V-VS den Prototyp eines weiteren schweren Jägers, basierend auf den Entwicklungen ANT-29 und ANT-40. Daraufhin wurde Alexander A. Archengelski von A. N. Tupolew mit der Entwicklung dieses auch als DI (Dvukhmestnii Istrebitel = zweisitziges Jagdflugzeug) bezeichneten Flugzeuges unter der Bedingung beauftragt, dass sich deswegen aber das SB-Programm nicht verzögern dürfe. Die Entwicklung und der Bau dieses zweisitzigen Prototyps unter der Firmenbezeichnung ANT-46, angetrieben wie die erste ANT-40 von zwei Wright SR-1820-F3 Cyclone Neunzylinder-Sternmotoren mit je 710 PS Leistung, verlief problemlos und am 9. August 1935 hob die DI-8, welche dieselben Abmessungen hatte wie die ANT-40, zu ihrem Erstflug ab. Das DI-8-Programm entwickelte sich nur ca. ein halbes Jahr nach dem Vorgänger ANT-29/DIP, war aber in allen Bereichen das bessere Flugzeug, da es auf der SB basierte. Als Bewaffnung waren zwei 4,5 cm rückstoßfreie Kanonen APK-11 und vier 7,62 mm SchKAS-Maschinengewehre mit je 500 Schuß Munition vorgesehen. Die DI-8 befand sich noch noch in der Erprobung, als am 21. Oktober 1937 Andrej N. Tupolew von der Staatssicherheit verhaftet und der Sabotage und Spionage beschuldigt wurde. In dieser Zeit wurde auch das KB von Leonid W. Kurtschewski geschlossen, da seine Idee der rückstroßfreien Kanonen für Flugzeuge in all den vergangenen Jahren keine befriedigenden Ergebnisse erbracht hatte. Diese beiden Ereignisse führten auch zum Ende des DI-8-Projekts.

Das zweisitzige Jagdflugzeug Tupolew DI-8 hatte die gleichen Abmessungen wie der Schnellbomber Tupolew SB.

Tupolew ANT-41 (T-1)

Flugzeugtyp:	Tupolew ANT-41/T-1
Verwendungszweck:	Torpedobomber
Besatzung:	3
Antrieb:	zwei Mikulin AM-34FRN Zwölfzylinder V-Motoren mit je 900 PS Leistung
Spannweite:	25,73 m
Länge:	13,80 m
Flügelfläche:	88,94 m²
Leergewicht:	5.846 kg
Startgewicht:	8.925 kg
Höchstgeschwindigkeit in Bodennähe:	435 km/h
Gipfelhöhe:	9.500 m
Reichweite:	4.200 km
Startstrecke:	370 m
Bewaffnung:	über Defensivbewaffnung keine Angaben; bis zu 1.000 kg Abwurflasten

Im März 1934 bestellte die AV-MF (Aviatsija Voenno-Morskoi Flota = Sowjetische Marine-Luftwaffe) bei der KOSOS einen Mehrzweckbomber, woraufhin das Entwicklungsteam von Wladimir M. Mjasitschew eine vergrößerte ANT-40, ausgerüstet mit zwei je 900 PS leistenden Mikulin AM-34FRN Zwölfzylinder V-Motoren, entwarf. Das als ANT-41 bzw. LK-4[8] (Legkii Kreiser = Leichter Kreuzer) bezeichnete Flugzeug zeigte bei seinem Jungfernflug am 2. Juni 1936 bessere Flugleistungen als die ANT-40. Da sich aber bald herausstellte, dass dieses Flugzeug hauptsächlich als Torpedobomber eingesetzt werden sollte, änderte sich dessen offizielle Bezeichnung bald in T-1 (Torpedonosets = Torpedoträger). Die T-1 konnte intern zwei Torpedos oder zwei FAB-500N-Bomben im Rumpf mitführen. Eine geplante Version mit zwei Schwimmern wurde jedoch nicht verwirklicht. Bei der weiteren Erprobung kam es am 14. Juni desselben Jahres zu extremen Schwingungen der Tragflächen und das Flugzeug zerbrach in der Luft, worauf sich die dreiköpfige Besatzung mit ihren Fallschirmen retten musste. Sofort wurden alle weiteren Arbeiten an diesem Projekt gestoppt und auch der bereits begonnene Bau einer verbesserten ANT-41bis wurde eingestellt.

[8] Die Bezeichnung LK-4 wurde im selben Jahr auch für einen zweisitzigen Schuldoppeldecker verwendet und steht in diesem Fall für Leningradskii Kombinat-4.

Die Tupolew ANT-41 war eine vergrößerte Tupolew ANT-40 für die Sowjetische Marine-Luftwaffe. Foto: via Dipl.Ing. Jerzy Butkiewicz

Tupolew ANT-35 (PS-35)

Flugzeugtyp:	Tupolew ANT-35
Verwendungszweck:	Passagierflugzeug
Besatzung:	2 – 3
Antrieb:	zwei Gnôme-Rhône GR14Krsd 14-Zylinder-Doppelsternmotoren mit je 800 PS Leistung
Spannweite:	20,80 m
Länge:	14,95 m
Höhe:	5,90 m
Flügelfläche:	57,80 m²
Leergewicht:	4.710 kg
Startgewicht:	6.620 kg
Höchstgeschwindigkeit in Bodennähe:	350 km/h
in 1.500 m:	372 km/h
Landegeschwindigkeit:	105 km/h
Gipfelhöhe:	8.500 m
Reichweite:	920 km
Startstrecke:	225 m
Landestrecke:	300 m
Zuladung:	10 Passagiere

Im Mai 1934 schrieb die AVIAvnito, die Dachorganisation aller sowjetischen wissenschaftlichen und technischen Luftfahrtabteilungen, einen Wettbewerb für zwei Passagierflugzeuge unterschiedlicher Größe aus, bei denen das Hauptaugenmerk auf Komfort, Sicherheit und Geschwindigkeit gelegt werden sollte. Bei der KOSOS übernahm Alexander A. Archangelski mit seiner Entwicklungsgruppe die Aufgabe, eine zivile sowie eine militärische Version eines zehnsitzigen Passagierflugzeuges zu entwerfen. Das als ANT-35 bezeichnete Projekt wurde aus dem ANT-40-Bomber entwickelt, hatte im Endeffekt mit diesem aber außer dem Fahrwerk nichts mehr gemein. Den Antrieb besorgten zwei Gnôme-Rhône GR14Krsd 14-Zylinder-Doppelsternmotoren mit je 800 PS Leistung. Am 20. August 1936 absolvierte die ANT-35 erfolgreich ihren Erstflug und bewies am 15. September desselben Jahres mit einem Flug von Moskau nach Leningrad und wieder zurück ihre Langstreckentauglichkeit, wobei eine Entfernung von 1.266 km in einer Flugzeit von 3 Stunden 38 Minuten zurückgelegt wurde. Der erste Auslandsflug führte den Prototyp im November/Dezember 1936 zum 15. Aerosalón

Die Tupolew ANT-35 entstand unter der Leitung von Alexander A. Archangelski als zehnsitziges Passagierflugzeug.

Russischer Besuch im Jahr 1936 beim 15. Aero Salon in Paris: im Vordergrund der Prototyp Tupolew ANT-35 und dahinter die ANT-25/RD Dubler »Stalinskij Marschrut«. Foto: via Dipl.Ing. Jerzy Butkiewicz

nach Paris, bei der auch andere russische Flugzeuge gezeigt wurden. Trotz ihrer geringen Höhe der Passagierkabine von 1,68 m und einem Querspant der Tragfläche zwischen der zweiten und dritten Sitzreihe entsprach die ANT-35 den Forderungen der AVIAvnito von allen Bewerbern am besten. Mit der nachfolgenden ANT-35bis wurden diese Probleme jedoch behoben, denn der zweite Prototyp erhielt ein längeren Rumpf mit einer Passagierkabine von 1,83 m Höhe und auch der störende Querspant der ersten Maschine wurde vermieden. Auch wurde die ANT-35bis mit zwei Mikulin M-85 14-Zylinder-Doppelsternmotoren mit ebenfalls 800 PS Leistung ausgerüstet und von dieser Variante wurden 1937 neun Exemplare gebaut. Als man Andrej N. Tupolew im Oktober 1937 verhaftete, wurde auch das Kürzel ANT für die Tupolew-Flugzeuge verboten und deshalb wurden die elf, im Jahr 1939 mit 1.000 PS leistenden Schwezow M-62IR Neunzylinder-Sternmotoren ausgerüsteten Flugzeuge nun als PS-35 bezeichnet. Es stellte sich aber bald heraus, dass die bei der Aeroflot im Einsatz stehenden PS-35 im Vergleich zur amerikanischen Douglas DC-3 bzw. deren Lizenzversion PS-84[9], welche die doppelte Transportkapazität hatte, als unökonomisch erwies. Deshalb scheint es so, dass alle PS-35 (ANT-35bis) im Jahr 1939 aus dem Einsatz gezogen wurden. Sie kehrten allerdings bereits im folgenden Jahr wieder in den Dienst der Aeroflot zurück, als am 15. Mai 1940 der Linienverkehr zwischen Moskau und Lwow im von sowjetischen Truppen besetzten Teil Polens aufgenommen wurde und zusätzlich bedienten sie die Route von Moskau nach Odessa. Die letzten Tupolew PS-35 wurden im Jahr 1942 endgültig außer Dienst gestellt.

[9] *Erst am 18. September 1942 wurden die PS-84 offiziell in Lisunow Li-2 umbenannt. Boris Pawlowitsch Lisunow leitete seit Mitte 1938 die Lizenzfertigung der Douglas DC-3 in der Sowjetunion.*

Tupolew ANT-42 (TB-7)

Flugzeugtyp:	Tupolew ANT-42/TB-7
Verwendungszweck:	Langstreckenbomber-Prototyp
Besatzung:	11
Antrieb:	vier Mikulin AM-34FRN Zwölfzylinder V-Motoren mit je 930 PS Leistung (später plus einem 750 PS leistenden AZN-2 Zwölfzylinder V-Motor für den Antrieb eines Turboladers)
Spannweite:	39,01 m
Länge:	23,40 m
Höhe:	6,10 m
Flügelfläche:	188,40 m²
Leergewicht:	17.885 kg (ohne AZN-2); 18.000 kg (mit AZN-2)
Startgewicht:	23.860 kg (ohne AZN-2); 30.000 kg (mit AZN-2)
Höchstgeschwindigkeit in Bodennähe:	320 km/h (ohne AZN-2); 315 km/h (mit AZN-2)
in 8.000 m:	403 km/h (ohne AZN-2)
in 8.600 m:	430 km/h (mit AZN-2)
Gipfelhöhe:	10.800 m (ohne AZN-2); 11.250 m (mit AZN-2)
Steigzeit auf 5.000 m:	18' 48" (ohne); 16' 18" (mit)
Reichweite:	3.000 km (ohne AZN-2); 3.500 km (mit AZN-2)
Bewaffnung:	drei 20 mm-MK SchWAK; zwei 7,62 mm-MG SchKAS; bis zu 4.000 kg Abwurflasten

Im Jahr 1934 wurde von Andrej N. Tupolew die Entwicklung eines modernen Langstreckenbombers als Nachfolger für die Tupolew TB-3 gefordert und dieser betraute im Juli desselben Jahres Wladimir M. Petljakow und sein Konstruktionsteam mit dieser Aufgabe. Der neue Bomber sollte in der Lage sein, bis zu 440 km/h schnell zu fliegen und eine Bombenlast von 2.000 kg über 4.500 km zu transportieren. Den Aufgabenschwerpunkt des als Tupolew ANT-42 bezeichneten Projekts sahen die Konsturkteure darin, in möglichst großer Höhe möglichst schnell zu fliegen. Um dieses Ziel zu erreichen, sah Petljakow die Lösung in den stärksten erhältlichen Triebwerken mit Turboladern – die aber zu dieser Zeit in der Sowjetunion nicht verfügbar waren. Da man beim Entwurf der ANT-42 – im Verlgeich zum Vorgänger TB-3 – völlig neue Wege beschritt, dauerten die Arbeiten ihre Zeit und so wurde der erste, als TB-7 bezeichnete Prototyp erst im Dezember 1936 fertiggestellt. Acht Monate zuvor hatte man auch mit den Arbeiten an einem zweiten Prototyp begonnen. Den damaligen Möglichkeiten entsprechend wurden in die erste TB-7 vier je 930 PS

Die Tupolew TB-7 flog erstmals im Dezember 1936.

Bauzustand des Prototyps Tupolew ANT-42 im Februar 1936. Foto: via Dipl.Ing. Jerzy Butkiewicz

leistende Mikulin AM-34FRN Zwölfzylinder V-Motoren eingebaut, aber auf die gewünschten Turbolader musste man beim Erstflug Prototyp der TB-7 noch verzichten. Dieser fand am 27. Dezember 1936 in Moskau-Khodinka statt. Um den Mangel an Turboladern entgegenzuwirken, wurde aus einem 750 PS leistenden Klimow M-100 Zwölfzylinder V-Motor das AZN-2 (Aggregat Zentralnogo Nadduba = Aggregat des zentralen Gebläses) entwickelt, welches als fünftes Triebwerk im hinteren Rumpf des Prototyps montiert wurde und einzig die Aufgabe hatte, einen Turbolader anzutreiben. Obwohl die TB-7 durch diesen zusätzlichen Motor um ca. 2 t schwerer wurde, bewährte sich dieses System dennoch, denn bei seinen Testflügen mit dem AZN-2-Triebwerk ab dem Juni 1937 zeigte der Prototyp stark verbesserte Flugleistungen. An der weiteren Entwicklung der TB-7 konnte Wladimir M. Petljakow in den folgenden Jahren keinen direkten Anteil mehr nehmen, denn er wurde ebenso wie sein Chef Andrej N. Tupolew fast auf den Tag genau drei Monate davor, am 20. Juli 1937, im Rahmen von Stalin's »Säuberungsaktionen« vom NKVD verhaftet und kam ebenfalls zur (Gefängnis)-GAZ-156, wo er ab ca. August 1938 die Leitung der Entwicklungsgruppe (Technische Spezialbteilung) 100 des TsKB-29 (Tsentralnoe Konstruktorskoe Buro = Zentrales Konstruktions- bzw. Entwicklungsbüro) übernahm. Dennoch gingen die Arbeiten an der TB-7 auch ohne Peltjakow und Tupolew weiter. Drei Jahre später – im Juli 1940, zwei Monate nachdem Andrej N. Tupolew's Gerichtsverhandlung in Abwesenheit des Angeklagten mit inkludiertem Schuldspruch stattgefunden hatte – wurde Wladimir M. Petljakow wieder freigelassen und erhielt sein eigenes OKB, wo er die Arbeiten an der TB-7 fortsetzte. Da aber A. N. Tupolew nun mit der TB-7 nichts mehr zu tun hatte, endet dieses Kapitel hier. Es bleibt nur noch zu ergänzen, dass die ANT-42/TB-7 nach dem tödlichen Flugzeugabsturz Petljakow's am 12. Januar 1942 offiziell in Petljakow Pe-8 umbenannt und so auch in Serie produziert wurde.

Tupolew ANT-44 (MBT-2)

Flugzeugtyp:	Tupolew ANT-44
Verwendungszweck:	Aufklärungs- und Transportflugboot, Bomber
Besatzung:	4 – 5
Antrieb:	vier Gnôme-Rhône GR14Krsds 14-Zylinder-Doppelsternmotoren mit je 810 PS
Spannweite:	36,45 m
Länge:	22,42 m
Höhe:	8,00 m
Flügelfläche:	144,70m²
Leergewicht:	12.000 kg
max. Startgewicht:	21.500 kg
Höchstgeschwindigkeit in Bodennähe:	330 km/h
Landegeschwindigkeit:	125 km/h
Gipfelhöhe:	6.600 m
Steigzeit auf 1.000 m:	3′ 30"
auf 5.000 m:	26′ 00
Reichweite:	4.500 km
maximale Flugdauer:	16 Stunden
Bewaffnung:	eine 20 mm-MK SchWAK; ein 7,62 mm-MG SchKAS; bis zu 2.500 kg Abwurflasten

Der dringende Bedarf der V-MF an Seeflugzeugen führte zu einem weiteren Auftrag für ein Flugboot als Aufklärer und Bomber. Bei der AGOS entschied man sich zur Entwicklung eines viermotorigen Amphibienflugbootes unter Leitung von Alexander P. Golubkow mit der Bezeichnung ANT-44, das den Spitznamen »Tschaika« (»Möwe«) erhielt. Als Antrieb dienten vier Gnôme-Rhône GR14Krsds 14 Zylinder-Doppelsternmotoren mit je 810 PS Leistung. Die Arbeiten begannen am 4. Oktober 1935 und am 9. April 1937 erfolgte in Sewastopol der Jungfernflug des Prototyps. Bei den ersten Starts und Landungen von Land aus erhielt die ANT-44 provisorisch ein starres Hauptfahrwerk montiert, da dessen Einziehmechanismus noch nicht fertig war. Ende 1937 wurde der zweite Prototyp ANT-44bis (ANT-44D), angetrieben von vier Tumanski M-87A 9 Zylinder-Sternmotoren mit je 950 PS Leistung fertiggestellt und flog erstmals am 7. Juni 1938. Obwohl die anschließende Erprobung beim NII keine negativen Eigenschaften aufzeigte, wurde die geplante Serienfertigung nicht verwirklicht, da sich inzwischen die V-MF für die Iluschin DB-3 als neuen Marinebomber entschieden hatte. Nach einigen Rekordflügen wurde das Fahrwerk der ANT-44D wieder entfernt und die Maschine wurde als Flugboot MTB-2A im September 1938 von der V-MF übernommen. Der erste Prototyp wurde inzwischen auf den technischen Stand der ANT-44bis gebracht, stürzte aber im April 1939 ab.

Anfang April 1937 erfolgte der Erstflug der Tupolew ANT-44 in Sewastopol am Schwarzen Meer.

Tupolew ANT-51

Aufgrund einer Ausschreibung der V-VS im Jahr 1936 begann Pawel O. Suchoi als neuer Leiter der ZOK im Jahr 1936 mit den Arbeiten an einem taktischen Aufklärungs- und Angriffsflugzeug, welches die Bezeichnung Tupolew ANT-51 erhielt. Nach der Verhaftung Tupolew's im Oktober 1937 wurde die Aufsicht über dieses Projekt dem neuen Chefingenieur der GUAP übertragen. Es war jener Posten, den A. N. Tupolew bisher inne hatte und wie bereits erwähnt, wurde auch die weitere Verwendung des Kürzels ANT bei den neuen Tupolew-Entwicklungen untersagt. Der Prototyp mit einziehbarem Fahrwerk, fixem Heckrad, sogenannter »Glashaus«-Kanzel, vier 7,62 mm SchKAS MGs in den Tragflächen, einem weiteren im hinteren Cockpit sowie einer internen Zuladung von 300 kg flog erstmals am 25. August 1937. Der zweite Prototyp der nunmehr Flugzeug 51bis genannten Maschine erschien 1939. Im selben Jahr eröffnete Pawel O. Suchoi sein eigenes OKB, wo das Flugzeug 51 in leicht veränderter Form zur Suchoi Su-2 weiterentwickelt wurde und erstmals Mitte des Jahres 1940 als BB-1 (Bliznii Bombardirovschik = Kurzstreckenbomber) flog .... aber das ist eine andere Geschichte.

Flugzeugtyp:	Tupolew ANT-51
Verwendungszweck:	Aufklärungs- und Angriffsflugzeug
Besatzung:	2
Antrieb:	ein Schwezow M-62 Neunzylinder-Sternmotor mit 840 PS Leistung
Spannweite:	14,30 m
Länge:	9,92 m
Flügelfläche:	29,00 m²
Leergewicht:	2.604 kg
Startgewicht:	3.937 kg
Höchstgeschwindigkeit in Bodennähe:	360 km/h
in 4.700 m:	403 km/h
Landegeschwindigkeit:	120 km/h
Gipfelhöhe:	7.440 m
Steigzeit auf 5.000 m:	16' 36"
Reichweite:	1.200 km
Startstrecke:	380 m
Landestrecke:	240 m
Bewaffnung:	fünf 7,62 mm-MG SchKAS; 300 kg Abwurflasten intern

Die Tupolew ANT-51 erschien Ende Augsut 1937 aufgrund einer Ausschreibung der V-VS nach einem taktischen Aufklärungs- und Angriffsflugzeug.

Flugzeug 58 (103, FB, Tu-58)

Flugzeugtyp:	58 (103, FB, Tu-58)
Verwendungszweck:	Bomber-Prototyp
Besatzung:	3
Antrieb:	zwei Mikulin AM-37F Zwölfzylinder V-Motoren mit je 1.400 PS
Spannweite:	18,86 m
Länge:	13,20 m
Flügelfläche:	48,80 m²
Leergewicht:	7.626 kg
max. Startgewicht:	10.992 kg
Höchstgeschwindigkeit in Bodennähe:	482 km/h
in 8.000 m:	635 km/h
Gipfelhöhe:	10.600 m
Steigzeit auf 5.000 m:	8′ 36‵‵
Reichweite:	2.500 km
Bewaffnung:	zwei 20 mm-MK Sch WAK; 2 bis 2 7,62 mm-MG SchKAS; 2.000 kg Abwurflasten mit der Möglichkeit auch FAB-1000 mitzuführen

Nach seiner Verhaftung verbrachte Andrej N. Tupolew ungefähr eineinhalb Jahre als Sträfling. Aufgrund des Erfolges seiner ANT-40 erhielt er allerdings ein Zeichenbrett und wurde mit dem vagen Auftrag bedacht einen Bomber zu entwerfen, welcher der deutschen Junkers Ju 88 überlegen sein sollte. Der Prototyp Ju 88 flog im Dezember 1936 und ließ die meisten seiner zeitgenössischen Konkurrenztypen, auch Tupolew's SB 2, auf einen Schlag veraltet aussehen. Also begann Tupolew in seiner Zelle mit den Vorarbeiten zu seinem Flugzeug 58, welches ja seit seiner Verhaftung nicht als ANT-58 bezeichnet werden durfte. Im August 1938 wurde vom NKVD im Lager Bolschewo nahe Moskau das TsKB-29 als Teil der GAZ-156 eingerichtet und dieses in verschiedene Unterabteilungen aufgeteilt, welche alle eine fortlaufende Nummer –

Das Flugzeug 58 wurde von Andrej N. Tupolew während seiner Inhaftierung konstruiert und flog erstmals Ende Januar 1941. Foto: via Dipl.Ing. Jerzy Butkiewicz

beginnend mit 100 – erhielten. Die Entwicklergruppe (Technische Spezialbteilung) um A. N. Tupolew erhielt die Nummer 103, weshalb sein Flugzeug 58 auch als Projekt 103 bezeichnet wurde. Am 1. März 1940 waren die Planungsarbeiten abgeschlossen und der Bau eines Prototyps unter der Leitung von Roberto Ludwigowitsch Bartini und Sergei Pawlowitsch Koroljew bei der GAZ-156 in Moskau genehmigt. Am 3. Oktober desselben Jahres war der Prototyp 58 fertiggestellt und nur die Triebwerke fehlten noch. Schließlich wurden aber doch zwei Mikulin AM-37F Zwölfzylinder V-Motoren mit je 1.400 PS Leistung geliefert und das Flugzeug 58 hob am 29. Januar 1941 erstmals ab. Die Flugleistungen des FB (Frontovoi Bombardirovschik = Frontbomber), der inoffiziell auch als Tu-58 bezeichnet wurde, erwiesen sich von Anbeginn an als außergewöhnlich gut. Die Flugerprobung des Flugzeugs 103 beim NII erfolgten im Juni 1941 und im Herbst desselben Jahres wurde es vor der heranrückenden deutschen Wehrmacht zur GAZ-166 nach Omsk in Sibirien evakuiert, wo es aber kurz danach bei einem Motorbrand zerstört wurde. Das Flugzeug 58 – das Projekt hatte ironischerweise dieselbe Nummer wie Tupolew's Zelle im Moskauer Butirskaja Gefängnis – blieb zwar ein Einzelstück, jedoch hatte er damit einen ersten erfolgreichen Schritt zur Tupolew Tu-2 und einer damit verbundenen »Freikarte aus dem Gefängnis« gemacht.

Der als Projekt 103, FB und Tu-85 bezeichnete Prototyp ging bei einem Absturz verloren, war aber der erste Schritt zur Tupolew Tu-2. Foto: via Dipl.Ing. Jerzy Butkiewicz

Flugzeug 59 (103U), 60 (103V), 103VS

Flugzeugtyp:	59 (103U)
Verwendungszweck:	Bomber-Prototyp
Besatzung:	4
Antrieb:	zwei Mikulin AM-37F Zwölfzylinder V-Motoren mit je 1.400 PS Leistung
Spannweite:	18,80 m
Länge:	13,80 m
Flügelfläche:	48,52 m²
Leergewicht:	7.823 kg
max. Startgewicht:	11.477 kg
Höchstgeschwindigkeit in Bodennähe:	469 km/h
in 7.800 m:	610 km/h
Gipfelhöhe:	10.500 m
Steigzeit auf 5.000 m:	9' 30"
Reichweite:	1.900 km
Bewaffnung:	zwei 20 mm-MK SchWAK; 2 bis 4 7,62 mm-MGs SchKAS; 2.000 kg Abwurflasten

Ungefähr einen Monat bevor Flugzeug 58 verloren ging, wurde bei der GAZ-156 der zweite Prototyp Flugzeug 59 fertiggestellt und flog erstmals am 18. Mai 1941. Neben anderen Verbesserungen gegenüber dem Vorgänger verfügte 59 auch über ein größeres Cockpit, einen um 60 cm verlängerten Rumpf für ein viertes Besatzungsmitglied und konnte zehn ungelenkte RS-Raketen unter den Tragflächen mitführen. Als Antrieb dienten, wie schon bei Flugzeug 58, zwei Mikulin AM-37F Zwölfzylinder V-Motoren. Da sich diese Triebwerke während der Erprobung durch das NII aber als unzuverlässig erwiesen und auch den Absturz von Flugzeug 58 verursacht hatten, wurden sie durch zwei 1.330 PS leistende Schwezow ASch-82 14-Zylinder-Doppelsternmotoren ersetzt was für das Entwicklungsteam von A. N. Tupolew bedeutete, dass schnellstens 1.500 neue technische Zeichnungen angefertigt werden mussten, was größtenteils nach der Evakuierung nach Omsk bei der GAZ-166 geschah. Am 1. November 1941 erfolgte dann in Sibirien der erste Flug des auch als 103U bezeichneten Prototyps mit den neuen Triebwerken. Nach dem Abschluß der Flugerprobung beim NII V-VS wurde das Flugzeug dringend zur sofortigen Serienproduktion empfohlen. Der nächste Schritt auf dem Weg zur Tupolew Tu-2 war Flugzeug 60 bzw. 103V, dessen Montage am 1. August 1941 in Omsk begann. Als Produktions-Prototyp wurden bei diesem Flugzeug zur Vereinfa-

Flugzeug 59 bzw. 103U wurde ab Mai 1941 bei der GAZ-156 in Moskau mit zwei Mikulin AM-37F 12 Zylinder V-Motoren erprobt.

Flugzeug 103VS war die erste in Omsk gebaute Serienmaschine und wurde mit zwei weiteren Flugzeugen im April 1942 zur Fronterprobung an die Kalinin Front überstellt.

chung der Serienfertigung die Anzahl seiner Einzelteile verringert und gleichzeitig auch die benötigten Werkzeugmaschinen entwickelt. Generell war Flugzeug 60/103V dem Vorgänger 59/103U sehr ähnlich, erfuhr aber doch noch einige Modifikationen. So stieg z.B. die Bewaffnung von Flugzeug 60 auf zwei 20 mm SchWAK und fünf 7,62 mm SchKAS an und die Zuladung an Abwurflasten wurde auf 3.000 kg erhöht – zusätzlich zu zehn ungelenkten RS-82 Raketen unter den Tragflächen. Der Jungfernflug von 103V erfolgte am 13. November 1941 und danach schloss sich die übliche Flugerprobung beim NII an, die jedoch wegen Triebwerksproblemen erst am 22. August 1942 abgeschlossen werden konnte. Danach kam das Flugzeug als Ausbildungsflugzeug für Fluglehrer zur V-VS. Die beiden Hauptproduktionsstätten der neuen Tupolew-Bomber sollten die GAZ-166 in Omsk und später die GAZ-156 in Moskau werden, wobei aber auch zahlreiche Teile von Zulieferern kommen sollten. Die 103VS war von der GAZ-166 das erste Vorserienflugzeug mit der Werksnummer 100308 und flog erstmals im März 1942. Im folgenden Monat verlegten Flugzeug 103VS und zwei weitere Maschinen der GAZ-166 zur Fronterprobung an die Kalinin Front, zur 3. VA (Vozduschnaja Armija = Luftarmee). Nach insgesamt 19 Exemplaren wurde jedoch die Fertigung der Bomber in Omsk beendet und den Notwendigkeiten des Krieges gehorchend, die Produktion dort auf die dringender benötigten Jagdflugzeuge Jakowlew Jak-1 umgestellt

Flugzeugtyp:	60 (103V)
Verwendungszweck:	Bomber-Prototyp
Besatzung:	4
Antrieb:	zwei Schwezow ASch-82 14-Zylinder-Doppelsternmotoren mit je 1.330 PS Leistung
Spannweite:	18,80 m
Länge:	13,71 m
Flügelfläche:	48,52 m²
Leergewicht:	7.335 kg
max. Startgewicht:	11.773 kg
Höchstgeschwindigkeit in Bodennähe:	460 km/h
in 3.800 m:	528 km/h
Landegeschwindigkeit:	152 km/h
Gipfelhöhe:	9.000 m
Steigzeit auf 5.000 m:	10′ 00″
Reichweite:	2.000 km
Startstrecke:	516 m
Landestrecke:	640 m
Bewaffnung:	zwei 20 mm-MK SchWAK; fünf 7,62 mm-MG SchKAS; zehn ungelenkte RS-82 Raketen; 3.000 kg Abwurflasten

Flugzeug 61, 62, 63, 65, 67, 68, 69, 104, SDB, UTB (Tu-1, Tu-2, Tu-6, Tu-8, Tu-10)

Als Flugzeug 61 wurden die ersten Serienflugzeuge der GAZ-166 bezeichnet. Sie besaßen eine vereinfachte Nase, eine überarbeitete Elektrik und einige weitere Modifikationen. Auch die Abschußschienen für die RS-82 Raketen unter den Tragflächen wurden wieder entfernt. Anfang 1942 entschied das NKAP (Narodnii Komissariat Aviatsonnoi Promischlennosti = Volkskommissariat (Ministerium) für Luftahrtindustrie), das Flugzeug offiziell als Tupolew Tu-2 zu bezeichnen und Ende des Jahres wurden von der GAZ-166 die ersten 60 Exemplare an zwei Fliegerregimenter (Aviatsijonni Polk) ausgeliefert. Die erste und meistgebaute Serienversion war die Tu-2S, von der bis Kriegsende 1.111 Maschinen gertiggestellt wurden. Bis zur Einstellung Produktion im Jahr 1948 kamen noch weitere 1.416 Exemplare dazu, die auch nach Bulgarien, China, Jugoslawien, Nordkorea, Polen und Ungarn exportiert wurden und im Westen den 1954 eingeführten ASCC-Code (Air Standards Co-ordinating Comimittee) »Bat« erhielten. Die Tu-2S war mit zwei Schwezow ASch-82FN 14-Zylinder-Doppelsternmotoren mit je 1.850 PS Leistung ausgerüstet und konnte zu ihrer internen Bombenlast von 3.000 kg noch

Flugzeugtyp:	Tupolew Tu-2S (1943)
Verwendungszweck:	Bomber
Besatzung:	4
Antrieb:	zwei Schwezow ASch-82FN 14-Zylinder-Doppelsternmotoren mit je 1.850 PS
Spannweite:	18,86 m
Länge:	13,80 m
Höhe:	4,55 m
Flügelfläche:	48,80 m²
Leergewicht:	7.474 kg
Startgewicht:	10.360 kg
Höchstgeschwindigkeit in Bodennähe:	482 km/h
in 5.400 m:	547 km/h
Gipfelhöhe:	9.500 m
Steigzeit auf 5.000 m:	9' 30"
Reichweite:	2.100 km
Startstrecke:	480 m
Landestrecke :	610 m
Bewaffnung:	zwei 20 mm-MK Sch-WAK; drei 12,7 mm-MGs UBT; bis zu 4.000 kg Abwurflasten

Zwischen 1942 und 1948 wurden von der Tupolew Tu-2 insgesamt 2.527 Exemplare in zahlreichen Versionen gefertigt.

Die Tupolew Tu-2 war einer der gelungensten Entwürfe von Andrej N. Tupolew und auch sein »Tor zur Freiheit«.

weitere 1.000 kg an zwei Aufhängepunkten unter den Tragflächenwurzeln mitführen. Üblich wurde eine Zuladung von vier FAB-500 im Bombenschacht und zwei FAB-1000 unter den Tragflächen. Ein weiterer Grund für den Erfolg dieses Flugzeuges waren auch die neu eingeführten hohen Qualitätsstandards bei der Serienfertigung, die es zuvor in der Sowjetunion so noch nicht gab. Aufgrund der Leistungsfähigkeit dieses Flugzeuges erschienen in den folgenden Jahren eine Reihe von weiteren Versionen.

Die ersten Umbauten der Tu-2S erfolgten bereits im Jahr 1943 an der Front, den dortigen Erfordernissen folgend. So waren die Tupolew Tu-2F (Fotorazvjedschik = Fotoaufklärung) Umrüstungen der Bomber zu Aufklärungsflugzeugen mit drei oder vier Kameras hinter eigenen neuen Fenstern an der Unterseite des Rumpfes. Die ersten Fotoaufklärer vom Werk aus erschienen als Tu-2R erst ab1946.

Zwischen 1943 und 44 wurden zwei Flugzeuge des Projekts 103 zu Flugzeugen 63 umgebaut und Anfang 1942 als Tupolew Tu-2SDB (Skorostnoi Djevoni Bombardirovschik = Schneller Tagesbomber) bezeichnet. Der Rumpf der SDB wurde neu ausgelegt, sämtliche Defensivbewaffnung entfernt und die Besatzung auf zwei Piloten reduziert. Als Antrieb dienten zwei je 1.850 PS leistende Mikulin AM-39 Zwölfzylinder V-Motoren, welche die SDB um mehr als 40 km/h schneller machten, als die Hauptversion Tu-2S. Der Jungfernflug des ersten Prototyps erfolgte am 21. Mai 1944 und die Erprobung beim NII V-VS dauerte vom 5. Juni bis zum 6. Juli desselben Jahres. Am 14. Oktober 1944 flog mit der SDB-2 ein zweiter Prototyp, der über je 1.870 PS leistende Mikulin AM-39F V-Motoren und bei einer dreiköpfigen Besatzung wieder über ein 7,62 mm Maschinengewehr SchKAS als Defensivbewaffnung verfügte. Die Erprobung der SDB-2 beim NII endete am 30.Juni 1945 und während die SDB nicht überzeugte, hinterließ der zweite Prototyp einen besseren Einduck und wurde vom NII zur Serienfertigung empfohlen Dennoch unterblieb eine Produktion, da die Tupolew Tu-10 (Flugzeug 68) bevorzugt wurde.

Am 18. Juli 1944 hob erstmals Flugzeug 104[10], später als Tupolew Tu-2/104 bezeichnet ab, ein Prototyp eines Allwetter-Abfangjagdflugzeuges

[10] Das Flugzeug 104 hatte nichts gemein mit dem strahlgetriebenen Passagierflugzeug Tupolew Tu-104 der 1950er Jahre.

Eine ungarische Version mit einer großkalibrigen Bugkanone dürfte diese Tupolew Tu-2 der Magyar Légierö aus dem Jahr 1955 sein, welche den Spitznamen »Tuzok« (»Trappe«) erhielt. Foto: via Laszlo Javor

mit Radarausrüstung und zwei Mann Besatzung. Die Tu-2/104 war primär zur Bekämpfung feindlicher Bomber gedacht und mit zwei 23 mm WJa (Wolkow/Jartsjew) Maschinenkanonen auf der Unterseite des Rumpfes ausgerüstet. Der Jungfernflug erfolgte am 18. Juli 1944, doch die Erprobung des Radargerätes konnte jedoch erst 1945 beginnen. Obwohl die Tu-2/104 nicht in Serie gebaut wurde, war sie dennoch der erste mit Radar ausgerüstete Abfangjäger der Sowjetunion.

Bereits im Jahr 1941 arbeitete A. N. Tupolew an einer Langstreckenversion der Tu-2 mit neuem Cockpit, größeren Treibstofftanks, vergößterter Spannweite, größerem Leitwerk und verstärktem Fahrwerk, welche anfangs als Flugzeug 62 resp. 103D und später als Tupolew Tu-2D (Dalnii = Langstrecke)[11] bekannt wurde. Aber erst im Jahr 1944 waren die Produktionskapazitäten für diesen strategischen Bomberprototyp vorhanden, der am 17. Juli desselben Jahres erstmals abhob. Die Tu-2D war für eine Zuladung von 4.000 kg ausgelegt und ihr zweiter Prototyp absolvierte seinen Jungfernflug am 20. Oktober 1944. Die Tu-2D besaß dieselben Triebwerke wie die Hauptvariante Tu-2S, hatte jedoch knapp die doppelte Reichweite. Die Flugerprobung beim NII V-VS wurden am 31. Oktober 1945 beendet. Danach ruhte das Projekt bis es zwischen Januar und April 1947 als Erprobungsträger 62T für AV-5V Vierblatt-Luftschrauben wieder in Dienst genommen wurde.

Ebenfalls im Jahr 1944 erschien der erste Prototyp Tupolew Tu-2Sch (Schturmowik = Angriffsflugzeug). Im Bombenschacht hatte das gepanzerte Flugzeug einen Aluminiumbehälter mit 88 modifizierten Maschinenpistolen PPSch-41, die mit einer 30° Neigung nach vorne/unten feuerten. Jede dieser Waffen wurde durch eine Magazintrommel mit je 71 Schuss 7,62 mm Pistolenmunition versorgt, die jedoch sehr schnell leer waren. Der nächste Prototyp der »Schturmowik« flog ebenfalls 1944 und hatte eine 75 mm Kanone im Rumpf, die vom Navigator nachgeladen wurde. Die dritte Tu-2Sch erschien 1946, hatte in ihrer unverglasten Nase zur Panzerbekämpfung zwei 20 mm SchWAK, zwei 37 mm NR-23, zwei 45 mm NS-45 Maschinenkanonen eingebaut und verfügte damit vermutlich über die massivste Bugbewaffnung ihrer Zeit. Im Gegensatz zu den beiden Vorgängern war auf dem Rumpfrücken des dritten Prototyps auch ein UBT (Universalnji Beresin Turelnom) 12,7 mm Maschinengewehr installiert, welches vom zweiten Besatzungsmitglied bedient wurde.

Eine Torpedobomberversion, die auf dem Flugzeug 103 basierte, wurde als Tupolew Tu-2T

[11] *Im Jahr 1946 erschien mit dem Flugzeug 67 eine weitere Langstreckenversion, die ebenfalls als Tupolew Tu-2D bezeichnet wurde.*

(Torpedonosets) bezeichnet und die beiden dafür benötigten Prototypen wurden aus der Bomber-Produktionslinie entnommen und flogen im Jahr 1944. Es erfolgte keine Serienproduktion, doch im Februar/März 1945 wurde mit der Tupolew Tu-2NT (Nizkii Torpedonosets = in etwa: niedrig fliegender Torpedoträger) ein dritter Prototyp fertiggestellt. Dieses Flugzeug besaß zusätzliche Treibstofftanks im versiegelten Bombenschacht, ein verstärktes Fahrwerk und einige weitere Modifikationen. Der Jungfernflug der Tu-2NT erfolgte im August 1946. Das Flugzeug erreichte mit zwei untergehängten Torpedos eine Geschwindigkeit von 493 km/h, mit einem Torpedo etwas mehr als 500 km/h, während die Reichweite knapp 2.100 km betrug. Es wurden auch Flugversuche mit drei je 800 kg schweren Torpedos unternommen, jedoch wurde diese Zuladung nicht zur Norm. Die Serienfertigung der Tu-2NT begann im Jahr 1947 und der Typ blieb bis Mitte der 1950er Jahre bei der AV-MF im Dienst.

Die Tupolew Tu-2/Asch-83, als Serienversion auch bekannt als Tu-2M, war ein modifiziertes Serienflugzeug und erhielt Anfang des Jahres 1945 die stärkeren Schwezow Asch-83 14-Zylinder-Doppelsternmotoren mit je 1.900 PS Leistung und Vierblattpropellern montiert, womit sie bessere Flugleistungen zeigte als Tu-2S.

Das ehemalige Flugzeug 68, nun Tupolew Tu-4 genannt, erhielt neben einem verstärkten Fahrwerk und einem vergrößerten Leitwerk zwei wassergekühlte Mikulin AM-39FN Zwölfzylinder V-Motoren mit je 1.850 PS Leistung eingebaut und flog erstmals am 19. Mai 1945. Nach dem Abschluss der Erprobung am 20. November

Flugzeug 63P war als Langstrecken-Begleitjagdflugzeug Tupolew Tu-1 mit zwei 45 mm NS-45 Maschinenkanonen im Rumpfbug und einem 12,7 mm UBT Zwillings-Maschinengewehr bewaffnet.

Ebenfalls als Tupolew Tu-2D wurde Flugzeug 67 bezeichnet, welches eine Langstreckenversion mit Tscharomski ATSch-30BF-Dieselmotoren war.

Die Tupolew Tu-2DB des Jahres 1946 war ein Lagstreckenbomber-Prototyp mit Abgasturboladern.

1946 wurde eine kleine Serie von zehn Flugzeugen in Auftrag gegeben[12]. Da aber Mitte 1945 der Nachbau der amerikanischen Boeing B-29 »Superfortress« ebenfalls als Tupolew Tu-4 bezeichnet wurde, benannte man das ehemalige Flugzeug 68 nun von Tu-4 in Tu-10 um.
Am 12. Februar 1946 flog erstmals das Flugzeug 67, eine weitere Langstreckenversion mit vergrößerter Spannweite, angetrieben von zwei je 1.500 PS leistenden Tscharomski ATSch-30BF Zwölfzylinder Dieselmotoren. Der Prototyp erhielt ebenso – wie schon seine beiden Vorgänger-Prototypen 62 bzw. 103D aus dem Jahr 1944 – die offizielle Bezeichnung Tupolew Tu-2D. Das Flugzeug erwies sich als gelungener Entwurf, doch verhinderten inhärente Probleme mit den ATSch-30BF-Triebwerken, welche aus den Tscharomski AN-1A-Dieselmotoren der Tupolew TB-3D des Jahres 1937 weiterentwickelt worden waren, eine Serienfertigung und das Projekt wurde 1947 aufgegeben.
Erst 1946 erschien mit der Tupolew Tu-2R (Razvjedschik) vom Werk aus die erste Aufklärungsvariante dieses Flugzeuges. Unter der Serienbezeichnung Tupolew Tu-6 verfügte der viersitzige Aufklärer über Langstreckentanks und konnte drei oder vier Kameras im Rumpf mitführen – üblicherweise AFA-33, AFA 3c/50, AFA 33/50 oder AFA 33/100.
Mit der zunehmenden Verbreitung der Tu-2 entstand auch der Bedarf an einem speziell dafür entwickelten Schulflugzeug. Dafür hatte Pawel O. Suchoi den schwächer motorisierten UTB (Uchebno-Trenirovochnii Bombardirovschik = Schul- und Übungsbomber) entworfen, der auch als UTB-2 bezeichnet wurde und im Sommer 1946 erstmals flog. Als Antrieb dienten zwei 700 PS leistende Schwezow ASch-21 Sieben-zylinder-Sternmotoren mit Zweiblatt-Propellern und das Flugzeug konnte ein 12,7 mm UBT Maschinengewehr mit 60 Schuß sowie vier FAB-50 oder FAB-100 mitführen. Obwohl die UTB von der Tu-2 abgeleitet wurde, unterschied sie sich von dieser durch ihre geringere Leistung, durch eine größere Bugverlgasung, ein anderes Treibstoffsystem, andere Ruder und Klappen sowie einem Großteil ihrer Ausrüstung. Dies mag der Grund dafür sein, dass die Tupoelw UTB in manchen Quellen als Suchoi UTB bezeichnet wird. Der Erstflug der UTB erfolgte im Sommer 1946 und die Serienfertigung endete mit 500 Maschinen, von denen 100 Exemplare als UTB-2 nach Polen exportiert wurden.
Am 1. Juli 1946 startete mit dem fünfsitzigen Prototyp der Tupolew Tu-2DB (Flugzeug 65) eine weitere Version eines Dalnii Bombardirovschik. Es war wieder eine Maschine mit vergrößerter Spannweite und zweiköpfiger Besatzung, dessen beiden je 2.200 PS leistenden Mikulin AM-44TK Zwölfzylinder V-Motoren über TK-1B (TK-300) Abgasturbolader verfügten. Aufgrund der noch nicht ausgereiften Triebwerke kam es jedoch auch bei der Tu-2DB zu keiner Serienfertigung.

[12] *Nach anderen Quellen waren es 50 Exemplare.*

Diese bulgarische Tupolew Tu-2, aufgenommen 2002 im Luftwaffenmuseum von Dolna, macht einen sehr mitgenommenen Eindruck.

Im Mai 1947 absolvierte mit dem Prototyp der fünfplätzigen Tupolew Tu 8 (Flugzeug 69), die letzte Variante eines Langstreckenbombers aus der Tu-2-Reihe, ihren Jungfernflug. Die Tu-8 war im Vergleich zu ihren Langstreckenbomber-Vorgängern das schwerste aber auch am meisten fortgeschrittene Flugzeug. Die Zelle basierte auf der Tu-2D (Flugzeug 62) und die Rohrbewaffnung bestand aus fünf 20 mm Beresin B-20 Maschinenkanonen mit je 190 Schuß, wobei die Zwillings-MK an der Unterseite des hinteren Rumpfes ferngesteuert wurde. An Abwurflasten konnten bis zu 4.500 kg mitgeführt werden. Obwohl die Tu-8 einen großen Schritt in die Zukunft darstellte, blieb sie dennoch ein Einzelstück, da beim OKB 156 Tupolew inzwischen die Tu-4 oberste Priorität hatte und man zudem auch so schnell als möglich auf Strahlflugzeuge umsteigen wollte. Aus diesem Grund wurden die geplanten Varianten Tu-8B und Tu-8S nicht mehr realisisert und auch die weiteren Tu-2-Varianten Flugzeug 71 und 72, die sich unter anderem durch neue Motoren von ihren Vorgängern unterschieden, wurden nicht mehr fertiggestellt.
Die nächste Variante war Flugzeug 63P, ein Langstrecken-Begleitjagdflugzeug, das auch als Tupolew Tu-1 bekannt wurde und auf dem Flugzeug 68 (Tu-10) basierte. Zwei Mikulin AM-43V Zwölfzylinder V-Motoren mit je 2.200 PS Leistung sorgten für den Vortrieb der dreisitzigen Tu-1. Als Bewaffnung für den Angriff dienten zwei nach vorne gerichtete NS-45- und zwei NR-23-Maschinenkanonen sowie 1.000 kg Ab-

Ab Mitte/Ende der 1940er Jahre hatte die chinesische Luftwaffe eine große Anzahl Tupolew Tu-2 in ihrem Bestand.

Bei der Tupolew Tu-2 auf dem Foto handelt es sich wahrscheinlich um eine Bomberversion, bei welcher die kaputten oder fehlenden Glasscheiben des Bugs nachträglich beplankt und überstrichen wurden. Foto: Dipl.Ing. Jerzy Butkiewicz

Flugzeugtyp:	Tupolew Tu-10 bzw. -4
Verwendungszweck:	Bomber
Besatzung:	4
Antrieb:	zwei Mikulin AM-39FN Zwölfzylinder V-Motoren mit je 1.850 PS
Spannweite:	18,86 m
Länge:	13,80 m
Flügelfläche:	48,80 m²
Leergewicht:	8.870 kg
Startgewicht:	11.650 – 12.735 kg
Höchstgeschwindigkeit in Bodennähe:	520 km/h
in 7.100 m:	635 km/h
Landegeschwindigkeit:	190 km/h
Gipfelhöhe:	9.800 m
Steigzeit auf 5.000 m:	11′ 06"
Reichweite:	1.660 km
Startstrecke:	525 m
Bewaffnung:	drei 20 mm-MK Sch WAK; zwei 12,7 mm-MG UB; 2.000 bis 4.000 kg Abwurflasten

wurflasten intern und für die Verteidigung besaß 63P ein 12,7 mm UBT-Zwillings-Maschinengewehr. Zusätzlich besaß die Tu-1 ein Radargerät Gneiss-7, welches auf dem deutschen Telefunken FuG 220 »Lichtenstein SN-2« basierte und auch eine Rückwärtswarnantenne einschloss. Die Erprobung der Tu-1, die am 3. November 1947 abgeschlossen wurde, bescheinigte dem Flugzeug hervorragende Eigenschaften. Dennoch kam es zu keiner Serienproduktion, da die AM-43V-Motoren noch nicht serienreif waren.

Am 2. Juni 1947 hob das Flugzeug 62T zu seinem Jungfernflug ab. Es war eine Torpedobomberversion der Tupolew Tu-2D aus dem Jahr 1944 (Flugzeug 62 bzw. 103D), besaß zusätzliche Treibstofftanks im Bombenschacht und führte – wie die Tu-2T – unter den Tragflächen zwei Torpedos mit. Zu einer Serienfertigung kam es jedoch auch bei diesem Typ nicht.

Ihre letzten scharfen Einsätze flogen Tupolew Tu-2 unter nordkoreanischer Flagge im Koreakrieg von 1950 bis 1953 und drei Jahre später als Teil der Magyar Légierö beim Ungarnaufstand vom Oktober/November 1956.

Tupolew Tu-70

Als das OKB 156 Tupolew begann, die gewonnenen Erfahrungen aus den drei, auf sowjetischem Gebiet notgelandeten Boeing B-29A »Superfortress« für den Bau einer als Tupolew Tu-4 bezeichneten Kopie dieses Langstreckenbombers zu nützen, entwickelte man gleichzeitig auch die Passagierversion Tupolew Tu-70. Anfangs war vorgesehen, dass das Flugzeug neben einer achtköpfigen Besatzung 48 Passagieren Platz bieten sollte, später wurden diese Anforderungen jedoch auf sechs Crewmitglieder und 72 Fluggäste abgeändert. Bei der Tu-70, deren Rumpf einen Durchmesser von 3,5 m hatte, machte man ebenfalls Anleihen an der B-29A. So wurden z.B. große Teile der Tragflächen und die kompletten Wright R-3350-57 Cyclone 18 Zylinder Doppelsternmotoren übernommen. Der Jungfernflug der Tu-70 erfolgte am 27. November 1946 – ein halbes Jahr vor der Bomberversion Tu-4. Obwohl die Aeroflot als Hauptinteressent für solch einen großen Airliner in diesen Jahren ausschließlich kleinere Mittel- und Kurzstreckenpassagierflugzeuge im Dienst stehen hatte, nahm sie von einer Bestellung Abstand, denn Ende der 1940er Jahre verfügten die wenigsten russischen Flugplätze über eine Betotnpiste von genügender Länge, welche aber für Passagierflugzeuge von der Größe der Tu-70 unabdingbar waren. Auch war am Beginn des »Kalten Krieges« im sowjetischen Budget kein Geld für den Ausbau ziviler Flugplätze vorhanden. Daher blieb die Tu-70 ein Einzelstück und wurde der Luftwaffe übergeben, wo sie bis zu Josef Stalin's Tod im Jahr 1953 als Generalstabsflugzeug für seinen Sohn Wasili, einem Marschall der V-VS im Dienst stand. Ebenso wie die nachfolgende Tupolew Tu-75 erhielt die Tu-70 den ASCC-Code »Cart«.

Flugzeugtyp:	Tupolew Tu-70
Verwendungszweck:	Passagier-/ Generalstabsflugzeug
Besatzung:	6 – 8
Antrieb:	vier Wright R-3350-57 Cyclone 18-Zylinder-Doppelsternmotoren mit Turboladern und je 2.200 PS Leistung
Spannweite:	44,25 m
Länge:	35,40 m
Flügelfläche:	166,10 m²
Leergewicht:	33.979 kg
max. Startgewicht:	60.000 kg
Höchstgeschwindigkeit in Bodennähe:	424 km/h
in 9.000 m:	568 km/h
Gipfelhöhe:	11.000 m
Steigzeit auf 5.000 m:	21′ 12"
Reichweite:	5.000 km
Startstrecke:	670 m
Landestrecke:	600 m
Zuladung:	48 – 72 Passagiere

Da Ende der 1940er Jahre von der Aeroflot zwar Langstreckenflugzeuge benötigt wurden, es aber in der Sowjetunion nur wenige genügend lange, befestigte Pisten gab, blieb die Tupolew Tu-70 ein Einzelstück. Foto: via Dipl.Ing. Jerzy Butkiewicz

Tupolew Tu-4 (B-4, 64)

Noch bevor der modernste amerikanische Langstreckenbomber des Zweiten Weltkrieges, die Boeing B-29 »Superfortress«, am 5. Juni 1944 seinen ersten Einsatz nach Bangkok flog, war der Typ schon zu einem Objekt der Begierde bei der sowjetischen Führung geworden. Da sich aber die Amerikaner diesbezüglich nicht kooperativ zeigten, machten sich die Sowjets keine großen Hoffnungen, diesen Bomber je zu erhalten und bestellten beim OKB 156 Tupolew einen vergleichbaren Langstreckenbomber, der die Bezeichnung Projket 64 (in manchen Quellen auch als ANT-64 bezeichnet) erhielt. Doch bereits knapp zwei Monate nach dem ersten Einsatz der B-29A, am 29. Juli desselben Jahres, musste Capt. Howard R. Jarrell mit seiner Boeing B-29-5-BW, Ser.Nr. 42-6256, nach einem Luftangriff auf Japan auf ihrem Rückflug bei Tawritschaka, nördlich von Wladiwostok notlanden, da sein Bomber über Anshan in der Mandschurei von japanischer Flak beschädigt wurde. Zwei weitere beschädigte B-29 folgten am 20. August und am 21. November 1944. Im Rahmen der alliierten Waffenhilfe wurden

Flugzeugtyp:	Tupolew Tu-4
Verwendungszweck:	strategischer Bomber
Besatzung:	10
Antrieb:	vier Schwezow ASch-73TK 18-Zylinder-Doppelsternmotoren mit zwischen 1.770 und 2.400 PS
Spannweite:	43,05 m
Länge:	30,18 m
Höhe:	8,95 m
Flügelfläche:	161,70 m²
Leergewicht:	35.270 kg
max. Startgewicht:	54.500 kg
Höchstgeschwindigkeit in Bodennähe:	420 km/h
in 10.000 m:	558 km/h
Landegeschwindigkeit:	172 km/h
Gipfelhöhe:	11.200 m
Steigzeit auf 5.000 m:	18' 12"
Reichweite:	6.580 km (Tu-4R); 5.100 km (mit 2.000 kg Zuladung)
Startstrecke:	960 – 2.210 m (je nach Zuladung)
Landestrecke:	1.070 m
Bewaffnung:	fünf 12,7 mm Zwillings-MG UBT; bis zu 5.000 kg Abwurflasten

Tupolew Tu-4 der Aviatsija Dalnevo Deistvija in Zhukowski.

Zwischen Juli und November 1944 mussten drei amerikanische Boeing B-29 »Superfortress« nach ihren Einsätzen gegen Japan auf sowjetischem Gebiet notlanden und wurden dort zerlegt und genausestens untersucht. Foto: via Dipl.Ing. Jerzy Butkiewicz

die drei Bomber von sowjetischen Technikern natürlich sofort repariert und wieder flugfähig gemacht. Zu diesem Zweck mussten die Flugzeuge logischerweise komplett auseinandergenommen werden und bei dieser Gelegenheit konnte nicht nur jedes einzelne Teil und das Material aus dem es bestand genau untersucht werden, sondern es wurden auch Konstruktionspläne und Produktionsverfahren erstellt sowie Herstellungstoleranzen festgelegt. Laut Andrej N. Tupolew's Aussage wurden dabei ungefähr 105.000 Einzelteile begutachtet. Nach Abschluss der Reparaturen erprobte man die drei B-29A natürlich auch im Flug und unter der anfänglichen Bezeichnung B-4 (Bombardirovschik) wurde bis Mitte 1945 eine erste Serie von 20 Exemplaren bestellt. Allerdings waren nur wenige Teile der B-4 mit den amerikanischen Originalen identisch. Da man bei der Produktion des bald in Tupolew Tu-4 umbenannten Bombers alle Maße ins metrische System übertragen musste und außerdem viele Nachbauteile massiver ausfielen als beim Original, war der erste nachgebaute Rumpf mit 15.196 kg um einiges schwerer als der des Vorbilds. Auch mussten Kompromisse beim Röhrensystem und der Verkabelung des Bombers gemacht werden. Stark an die vorhandenen Möglichkeiten angepasst wurde auch die Rohrbewaffnung und die Funkanlage. Noch vor dem Baubeginn des ersten Prototyps der Tu-4 mussten gegen den Willen Andrej N. Tupolew's sein eigenes Langstreckenbomber-Projekt 64 und das darauf basierende Projekt 66 (beide sahen aus wie kleinere B-29 mit Doppelleitwerken) eingestellt werden. Der Erstflug der Tu-4 erfolgte am 19. Mai 1947 in Kasan – etwa ein halbes Jahr nach der Passagiervariante Tupolew Tu-70 – und zeigte eine Reihe erwarteter Probleme in verschiedenen Bereichen auf, die aber dennoch an der Qualität dieses Bomber keine Zweifel aufkommen ließen. Bei der ersten Baureihe der Tu-4, von der die ersten drei Serienmaschinen gemeinsam mit der Tu-70 am 3. August 1947, dem »Tag der Luftfahrt«, an einer Luftparade über Tuschino teilnahmen, waren in fünf Waffentürmen 12,7 mm Zwillings-Maschinengewehre UBT montiert. Ab der achten Baureihe kamen anstelle der MGs nun 20 mm Zwillings-Maschinenkanonen Beresin B-20E zum Einbau, die wiederum ab 1948 ab der 15. Bauserie durch 23 mm Zwillings-MKs Nudelman-Suranow NS-23 ersetzt wurden. Zusätzlich erhielten die Flugzeuge das Bombenzielradar »Kobalt« zwischen ihren beiden Bombenschächten eingebaut. Damit war es

Nach ihrer Außerdienststellung bei der Strategischen Bomberflotte wurden einige Tupolew Tu-4 als zivile Transportflugzeuge von der Fluglinie Avia Arktika weiter betrieben. Foto: via Dipl.Ing. Jerzy Butkiewicz

nun möglich, auch aus 12.000 m Höhe, nachts oder bei schlechter Sicht eine Bombenlast gezielt abzuwerfen. Den Antrieb besorgten vier Schwezow ASch-73TK 18-Zylinder-Doppelsternmotoren, deren Leistung bei je 1.770 PS begann und in 6.500 m Flughöhe mit Hilfe von von TK-Abgasturboladern auf 2.400 PS gesteigert werden konnte. Eine Tu-4 war auch das erste sowjetische Flugzeug, welches eine Atombombe abwarf. Als im Jahr 1952 ungefähr 400 Exemplare der Tu-4 bei der ADD (Aviatsija Dalnevo Deistvija = Strategische Bomberflotte) im Dienst standen, erhielt der Typ im Westen den ASCC-Code »Bull«. Die Serienfertigung der Tu-4 behinhaltete auch eine Anzahl von Tu-4R (Razvjedschik = Aufklärung), die im vorderen Bomenschacht zusätzliche Treibstofftanks und im hinteren verschiedene Kameras eingebaut hatten. Ab 1952, dem letzten Produktionsjahr, erschienen auch einige Tu-4N-Tankflugzeuge, mit denen alle Arten der Luft-Luft-Betankung – z.B. auch von Mikojan-Gurewitsch MiG-15 – erprobt wurden. Eine Maschine wurde als Tu-4T ohne Druckkabine gebaut und konnte 28 vollausgerüstete Fallschirmjäger absetzen. Zwei Jahre später erschien eine weitere, ebenfalls als Tu-2T bezeichnete Variante, die für den Personentransport über 52 Sitzplätze verfügte.

Außerdem wurden aus der Serienproduktion einige Maschinen zu Tu-4K-Trägerflugzeugen für Überschall-Forschungsflugzeuge und Luft-Boden-Lenkwaffen umgebaut. Während das Überschall-Versuchsflugzeug 346-I (ehemals DFS 346) am 30. September 1949 von einer Boeing B-29 in 9.700 m ausgeklinkt wurde, diente ab 1951 bei Flugzeug 346-III eine Tu-4 als Trägermaschine. Extreme Umbauten erfuhren die sogenannten »fliegenden Laboratorien« (»Letajuschtschaja Laboratorija«) Tu-4LL, mit denen neben neuen Funk- und Funkmeßgeräten auch verschiedenen Lenkwaffen (von erbeuteten Fieseler Fi-103 über Lawotschkin K-10 bis zu Mikojan-Gurewitsch KS-1 »Komet«) auch Strahltriebwerke von Dobrjnin, Ljulka und Mikulin sowie Turbopropmotoren von Iwschenko und Kusnezow getestet wurden. Während des Ungarnaufstandes stiegen am frühen Morgen des 4. November 1956 einige mit konventionellen Bomben beladene Tu-4 von Kiew auf, um ein Gebäude in Budapest anzugreifen, in welchem die sowjetische Führung die Zentrale der Aufständischen vermutete. Als sich die anfliegende Bomberstaffel über Rumänien befand, wurde sie jedoch zurückgerufen und der Luftangriff unterblieb. Im selben Jahr begann die Aviatsija Dalnevo Deistvija auch damit, die ersten ihrer Tu-4 auszuscheiden. Ein Teil dieser inzwischen leicht veralteten Bomber kam zur Reserve der V-VS und einige dieser Flugzeuge wurden »zivilisiert« und bei der Fluglinie Avia Arktika, die im Januar 1960 in der Aeroflot aufging, in Dienst gestellt. Mindestens 24 Tu-4 wurden Anfang der 1950er Jahre an die Volksrepublik China geliefert, wo ein Teil davon später auf Wopen WJ-6-Turboprobtriebwerke umgerüstet wurde. Einige Tu-4 mit originalen Schwezow-Motoren standen allerdings noch Anfang der 1990er Jahre bei der chinesischen Luftwaffe im Dienst. In der Sowjetunion hingegen kam die mit Turbopropriebwerken ausgerüstete Version Tupolew Tu-94 über das Projektstadium nicht hinaus.

Die Tupolew Tu-4 konnte verschiedene Kombinationen von Abwurflasten bis zu einem Maximalgewicht von 8.000 kg mitführen. Foto: via Wilfried Bergholz

Zwei der an China gelieferte Tupolew Tu-4 wurden mit Turbopropmotoren und einem Radom auf dem Rumpfrücken ausgerüstet und dienten in den 1950er und 60er Jahren zur Überwachung amerikanischer Atomwaffentests im pazifischen Raum. Foto: Thomas Posch

Tupolew Tu-12 (77, Tu-77)

Flugzeugtyp:	Tupolew Tu-12
Verwendungszweck:	Strahlbomber-Prototyp
Besatzung:	4
Antrieb:	anfangs zwei Rolls-Royce Nene 1-Strahltriebwerke mit je 2.270 kg Schubleistung
Spannweite:	18,86 m
Länge:	15,75 m
Flügelfläche:	48,80 m²
Leergewicht:	8.993 kg
max. Startgewicht:	15.720 kg
Höchstgeschwindigkeit in Bodennähe:	778 km/h
in 5.000 m:	783 km/h
Landegeschwindigkeit:	163 km/h
Gipfelhöhe:	11.360 m
Steigzeit auf 5.000 m:	8′ 00″
Reichweite:	2.200 km
Startstrecke:	1.030 m
Landestrecke:	885 m
Bewaffnung:	eine 23 mm-MK NR-23; zwei 12,7 mm-MG UBT; 3.000 kg Abwurflasten

Am 27. Juli 1947 flog erstmals der Prototyp des Strahlbombers Tupolew Tu-12 (Projekt 77 bzw. Tu-77). Dieses Flugzeug war die letzte auf der Tu-2 basierende Weiterentwicklung und wurde in vielen Bereichen verstärkt sowie der Rumpf teilweise verlängert. Der Antrieb erfolgte durch zwei Rolls-Royce Nene 1-Düsentriebwerke mit je 2.270 kg Schubleistung und das Flugzeug konnte an den Tragflächenspitzen Zusatztanks mitführen. Der zweite Prototyp des Projekts 77 nahm am 3. August 1947 an der Flugschau in Tuschino teil. Ab 1948 wurden die Tu-12 auf Klimow RD-45 Strahltriebwerke mit je 2.200 kg Schubleistung umgerüstet und weiter getestet. Insgesamt wurden fünf Tu-12 gebaut, die jedoch alle der Erprobung dienten und während ihrer Einsatzzeit im Westen nicht bekannt wurden – weshalb für diese Flugzeuge auch kein ASCC-Code vergeben wurde. Dennoch hat die Tu-12 ihren Platz in der Geschichte als erster Düsenbomber der V-VS. Nach dem Ende der Erprobung der Tu-12 selbst dienten diese Flugzeuge auch als Teststände für andere Triebwerke, z.B. von Ljulka aber auch für den Raketenmotor der Lenkwaffe Lawotschkin K-10.

Von der Tupolew Tu-12 wurden zwar nur fünf Exemplare für Versuchszwecke gebaut – sie war aber dennoch der erste Strahlbomber der V-VS.

Tupolew Tu-73 (73), Tu-78 (78)

Flugzeugtyp:	Tupolew Tu-73
Verwendungszweck:	Bomber
Besatzung:	3 – 4
Antrieb:	zwei Rolls-Royce Nene I-Strahltriebwerke mit je 2.270 kg Schub und ein Rolls-Royce Derwent 5-Strahltriebwerk mit 1.590 kg Schub
Spannweite:	21,71 m
Länge:	20,32 m
Flügelfläche:	67,38 m²
Leergewicht:	14.340 kg
max. Startgewicht:	24.200 kg
Höchstgeschwindigkeit in Bodennähe:	840 km/h
in 5.000 m:	872 km/h
Landegeschwindigkeit:	173 km/h
Gipfelhöhe:	11.500 m
Steigzeit auf 5.000 m:	9′ 30″
Reichweite:	2.810 km
Startstrecke:	740 m
Landestrecke:	1.170 m
Bewaffnung:	zwei 23 mm-MK NR-23; 3.000 kg Abwurflasten

Aufgrund der Forderung der V-VS nach einem dreistahligen Bombenflugzeug, welches 3 t Abwurflasten mit 800 km/h Geschwindigkeit transportieren sollte, begann das OKB 156 Tupolew im Januar 1947 mit den Arbeiten am Projekt 73 (Tu-73). Als Antrieb wurden zwei Rolls-Royce Nene I-Strahltriebwerke mit je 2.270 kg Schubleistung unter den Tragflächen sowie als drittes Triebwerk ein Rolls-Royce Derwent 5 mit 1.590 kg Schubleistung im Heck von Flugzeug 73 montiert. Der erste Prototyp von Flugzeug 73 flog am 20. Dezember 1947 und diesem folgte nach etwas mehr als ein Jahr der zweite Prototyp mit dem Schriftzug »Tu-14« unter dem Cockpit. Beide Maschinen des Projekts 73 blieben im Prototypenstadium, waren aber ein wichtiger Schritt hin zur Tupolew Tu-14. Bereits ein Jahr davor, am 7. Mai 1948, flog der Prototyp des Projekts 78 (Tu-78), welches sich nur in Details vom Projekt 73 unterschied, z.B. durch zwei 2.200 kg Schub leistende Klimow RD-45- und ein Jakowlew RD-500-Triebwerk mit 1.590 kg Schubleistung. (Der Konstrukteur des RD-500, Wladimir Michailowitsch Jakowlew ist nicht identisch mit dem Flugzeugkonstrukteur Alexander Sergejewitsch Jakowlew). Auch Flugzeug 78 trug den Schriftzug »Tu-14«. Bei einem Vergleichsfliegen mit dem Konkurrenzmuster Iljuschin Il-28 im Jahr 1948 wurde diesem der Vorzug gegeben und deshalb wurde die Aufklärungsversion Tu-78R nicht mehr gebaut und das Projekt allein für die AV-MF weiterentwickelt.

Das Projekt 78 war die Antwort auf die Forderung der V-VS nach einem dreistrahligen Bombenflugzeug und führte schließlich zur zweistrahligen Tupolew Tu-14.

Projekt 82 (Tu-22, Tu-82)

Flugzeugtyp:	Tupolew Tu-22/Tu-82
Verwendungszweck:	Bomber-Prototyp
Besatzung:	3 – 4
Antrieb:	zwei Klimow RD-45F-Strahltriebwerke mit je 2.270 kg Schub
Spannweite:	17,81 m
Länge:	17,57 m
Flügelfläche:	46,24 m²
Leergewicht:	11.226 kg
max. Startgewicht:	18.339 kg
Höchstgeschwindigkeit in Bodennähe:	870 km/h
in 4.000 m:	931 km/h
Gipfelhöhe:	11.400 m
Reichweite:	2.395 km
Startstrecke:	1.100 m
Landestrecke:	550 m
Bewaffnung:	eine 23 mm-MK NR-23; eine 20 mm Zwillings-MK B-20E (nicht eingebaut); 1.000 kg Abwurflasten intern

Während der Entwicklung des Strahlbombers Tupolew Tu-14, einem Strahlbomber mit geraden Tragflächen, der in Konkurrenz zur Iljuschin Il-28 um einen Auftrag für die V-VS stand, schlug Alexander A. Archangelski Ende des Jahres 1948 als Projekt 82 ein ähnliches Experimentalflugzeug mit gepfeilten Flügeln vor, bei der möglichst viele Teile der Tu-14 verwendet werden sollten. Bald darauf wurde aber aus dem geplanten Versuchsflugzeug auf Wunsch der sowjetischen Luftwaffenführung ein Frontbomber mit der Bezeichnung Tupolew Tu-22 (nicht zu verwechseln mit der Tu-22 »Blinder«, die Ende der 1950er Jahre erschien). Sein Antrieb erfolgte durch zwei Klimow RD-45F Strahltriebwerke mit je 2.270 kg Schubleistung. Die Tu-22, der erste sowjetische Düsenbomber mit Pfeilflügeln, war mit einer starren 23 mm Maschinenkanone NR-23 bewaffnet und als Heckbewaffnung war eine 20 mm Zwillings-Maschinenkanone B-20E vorgesehen, die jedoch nicht eingebaut wurde. Konventionelle Abwurflasten bis zu einem Gesamtgewicht von 1.000 kg konnten intern mitgeführt werden. Als der Prototyp der Tu-22 am 24. März 1949 erstmals flog, war allerdings der damals noch Tupolew Tu-88 genannte Überschallbomber – der später als Tupolew Tu-16 bekannt werden sollte – bereits so weit entwickelt, dass man das Projekt 82 nicht mehr weiterführte.

Das Projekt 82 (Tu-82) war ursprünglich als Versuchsflugzeug mit gepfeilten Tragflächen geplant, bei dem möglichst viele Teile der Tupolew Tu-14 verwendet werden sollten.

Tupolew Tu-14 (Tu-79, Tu-81, Tu-89)

Flugzeugtyp:	Tupolew Tu-14T
Verwendungszweck:	Torpedobomber
Besatzung:	3
Antrieb:	zwei Klimow WK-1-Strahltriebwerke mit je 2.700 kg Schubleistung
Spannweite:	21,69 m
Länge:	21,94 m
Flügelfläche:	67,36 m²
Leergewicht:	14.430 kg
max. Startgewicht:	24.600 kg
Höchstgeschwindigkeit in Bodennähe:	800 km/h
in 5.000 m:	861 km/h
Landegeschwindigkeit:	175 km/h
Gipfelhöhe:	11.500 m
Steigzeit auf 5.000 m:	9' 30"
Reichweite:	3.010 km mit (1.000 kg Zuladung)
Startstrecke:	1.250 m
Landestrecke:	1.120 m
Bewaffnung:	vier 23 mm-MK NR-23; 3.000 kg Abwurflasten (auch nukleare)

Bei seinem Vorhaben, einen düsenbetriebenen Frontbomber als Konkurrenz zur Iljuschin Il-28 zu entwickeln (Tu-79), kam Alexander A. Archangelski das neue Strahltriebwerk WK-1 von Gen.Maj. Wladimir Jakowljewitsch Klimow mit 2.700 kg Schubleistung gerade zur rechten Zeit. Im Sommer 1948 wurde entschieden, von den drei Triebwerken der vorhergehenden Projekten 73, 78 und 82 wieder Abstand zu nehmen und das neue Projekt 81 mit zwei der leistungsfähigeren WK-1 Düsenmotoren auszurüsten. Am 13. Oktober 1949 hob das auch als Tu-81 bezeichnete Flugzeug erstmals ab. Im Herbst 1950 war die Flugerprobung abgeschlossen und das Flugzeug wurde vom NII-VVS als Tupolew Tu-14T zur Serienfertigung für die V-MS (Voenno-Morskoi Sili = Marineluftwaffe) empfohlen. Die Hauptbewaffnung der Tu-14T waren zwei Torpedos des Typs 45-36-A – es konnten aber auch bis zu 3 t (inklusive nuklearer) Abwurflasten mitgeführt werden. Die Serienfertigung dieses Torpedoflugzeuges fand unter der Leitung von Pawel O. Suchoi bei der GAZ-125 in Irkutsk statt. In den Jahren 1958/59 wurden 50 – 60 Tupolew Tu-14T an die Volksrepublik China geliefert. Von der zuletzt entwickelten Aufklärervariante Tu-14R (Tu-89) mit verschiedenen Kamerakombinationen wurde nur ein Prototyp gebaut. Die ziemlich populäre Tu-14T, welche den ASCC-Code »Bosun« erhalten hatte, stand bis 1962 im Dienst bei der V-MF. Gegen Ende ihrer Einsatzzeit wurden einige Maschinen auch zu Tu-14LL (Letajuschtschaja Laboratorija) umgebaut.

Einige Tupolew Tu-14 wurden als Erprobungsträger Tu-14LL eingesetzt.

Tupolew Tu-80

Der erste große Schritt bei der Weiterentwicklung der amerikanischen Boeing B-29 »Superfortress« zu einem neuen Langstreckenbomber für die V-VS war die Überarbeitung der Tragflächen mit interen Treibstofftanks, wobei man bei einer geringfügig größeren Spannweite 15% mehr Treibstoff mitführen konnte. Auch kamen – wie bei der amerikanischen Weiterentwicklung Boeing B-50 – neue Triebwerke Schwezow Asch-73FN 18 Zylinder-Doppelsternmotoren mit je 2.400 PS Leistung zum Einbau und auch das Leitwerk wurde vergrößert. Der Rumpfbug und die Cockpiteinrichtung wurden überarbeitet und waren ab nun für die nächsten ca. 20 Jahre bei allen Tupolew-Bombern sehr ähnlich: in der Glasnase saßen der Bugschütze und der Bombenschütze/Navigator; dahinter schloss sich die Führerkanzel für die beiden Piloten an. Die Flugzeugführerkanzel war konventionell verglast, denn die gebogenen Glasscheiben der B-29 und der Tu-4 hatten die Piloten oftmals geblendet und irritiert. Hinter dem Pilotencockpit befand sich der Platz des Radaroffiziers/Navigators mit seinen Radargeräten für die Standortbestimmung und den Bombenwurf bei schlechten Sichtverhältnissen und hinter diesem Platz führte schließlich ein Kriechgang mit einigen seitlichen Beobachtungsfenstern zum Heck. Eine Defensivbewaffnung wurde beim Prototyp nicht eingebaut. Der Jungfernflug der Tu-80 erfolgte am 1. Dezember 1949, doch wurde die Entwicklung danach nicht mehr fortgeführt, da man die Zukunft im Strahlbomber Tupolew Tu-88 sah. Aus diesem Grund blieb die Tu-80 im Westen lange unbekannt blieb erhielt auch keinen ASCC-Code.

Flugzeugtyp:	Tupolew Tu-80
Verwendungszweck:	Langstreckenbomber-Prototyp
Besatzung:	wie Tupolew Tu-4
Antrieb:	vier Schwezow ASch-73FN 18-Zylinder-Doppelsternmotoren mit je 2.400 PS Leistung
Spannweite:	43,45 m
Länge:	43,32 m
Flügelfläche:	167,00 m²
Leergewicht:	37.850 kg
Startgewicht:	60.600 kg
Höchstgeschwindigkeit in Bodennähe:	428 km/h
in 10.000 m:	545 km/h
Reichweite:	7.000 km (Schätzung)
Startstrecke:	1.200 m
Landestrecke:	505 m
Bewaffnung:	nicht eingebaut; 12.000 kg Abwurflasten intern

Ähnlich wie die Boeing B-50 in den USA war in der Sowjetunion die Tupolew Tu-80 eine Weiterentwicklung der Boeing B-29 »Superfortress« – blieb aber im Gegensatz zu ihrem amerikanischen Gegenpart ein Einzelstück.

Tupolew Tu-75

So wie die Tupolew Tu-70 eine Passagier- so war die Tu-75 eine Transportversion des amerikanischen Boeing B-29-Bombers und wurde für ein höheres Gewicht sowie 50% mehr Treibstoffkapazität ausgelegt. Der Rumpf entsprach weitgehend der Tu-70, hatte als Frachtflugzeug aber keine Druckkabine sondern eine Frachtrampe über die auch kleine Fahrzeuge bzw. über eine Art Förderband auch Frachtkontainer verladen werden konnten. Die Tu-75 konnte bis zu 10 t Fracht oder 120 vollausgerüstete Soldaten transportieren, die auf zusammenfaltbaren Stühlen entlang der Rumpfwände saßen. Anfangs war für die Tu-75 eine Defensivbewaffnung von drei 12,7 mm UBT Zwillings-MGs vorgesehen, jedoch wurde dieser Plan nicht verwirklicht. Der Antrieb erfolgte durch vier Schwezow ASch-73TKNV 18-Zylinder-Doppelsternmotoren mit je 2.300 PS Leistung und der Prototyp flog erstmals am 22. Januar 1950 bei der GAZ-156 in Moskau. Im Cockpit saß dabei Wjatscheslaw Marunow, der in den vergangenen Jahren alle drei Boeing B-29 »Superfortress« von Wladiwostok nach Moskau überstellt hatte. Obwohl die Tu-75 nicht in Serie gebaut wurde erhielt sie, ebenso wie die Passagierversion Tu-70, den ASCC-Code »Cart« und war ein wichtiger Schritt in Richtung einer sowjetischen strategischen Transportflotte.

Flugzeugtyp:	Tupolew Tu-75
Verwendungszweck:	Transporter-Prototyp
Besatzung:	4 – 6
Antrieb:	vier Schwezowe Asch-73TKNV 18 Zylinder Doppelsternmotoren mit je 2.300 PS Leistung
Spannweite:	44,25 m
Länge:	35,61 m
Höhe:	9,10 m
Flügelfläche:	162,70 m²
Leergewicht:	37.810 kg
max. Startgewicht:	65.400 kg
Höchstgeschwindigkeit in 9.000 m:	545 km/h
Gipfelhöhe:	9.500 m
Reichweite:	4.140 km
Startstrecke:	1.250 m
Landestrecke:	1.120 m
Bewaffnung:	drei 12,7 mm Zwillings-MG UBT (geplant) 10.000 kg Zuladung oder 120 vollausgerüstete Soldaten

Während die Tupolew Tu-70 eine Passagierversion der amerikanischen Boeing B-29 »Superfortress« war, wurde die Tu-75 zu einem Transportflugzeug entwickelt.

Tupolew Tu-85

Die Tupolew Tu-85, entwickelt unter der Leitung von Nikolai Bazjenkow, war das mit Abstand beeindruckendste Endergebnis der russischen Weiterentwicklungen der Boeing B-29 »Superfortress«. Die Spannweite der Tu-85 wurde gegenüber der Tu-4 um knappe 13 m vergrößert und auch der Rumpf um 14 Spanten verlängert, was knapp 10 m bedeutete. Im vorderen und hinteren Teil des Flugzeuges befanden sich je eine Druckkabine, die mit einem Kriechtunnel verbunden waren. Bei normalen Einsätzen waren acht bis zwölf Mann an Bord – bei überlangen Flügen waren es jedoch bis zu 16, von denen die Hälfte ihre Freizeit in drei Kojen verbrachte. Der Bombenschacht der Tu-85 war ursprünglich für eine Zuladung von 5 t ausgelegt, jedoch fanden bei Bedarf auch eine FAB-9000 – die damals größte konventionelle Bombe im sowjetischen Arsenal – oder eine vergleichbar große Atombombe darin Platz, womit aber die maximale Zuladung noch immer nicht erreicht war. Aufgrund des großen

Flugzeugtyp:	Tupolew Tu-85
Verwendungszweck:	strategischer Bomber
Besatzung:	8 – 16
Antrieb:	vier Dobrjnin WD-4K 24-Zylinder-Motoren mit je 4.300 PS
Spannweite:	55,94 m
Länge:	39,90 m
Flügelfläche:	273,59 m²
Leergewicht:	54.711 – 55.400 kg *
max. Startgewicht:	107.292 kg
Höchstgeschwindigkeit in Bodennähe:	459 – 563 km/h *
in 10.000 m:	638 – 665 km/h *
Gipfelhöhe:	11.700 m
Reichweite:	12.000 km (mit 5.000 kg Zuladung) *
Startstrecke:	1.640 m
Landestrecke:	1.500 m
Bewaffnung:	fünf 23 mm Zwillings-MK NR-23; 5.000 – 20.000 kg Abwurflasten

** Diese Daten sind abhänging vom jeweiligen Prototyp.*

Der strategische Bomberprototyp Tupolew Tu-85 war die ultimative Extrapolation der Boeing B-29 »Superfortress«.

Im Jahr 1951 war die amerikanische Convair B-36 »Peacemaker« das einzige Langstreckenflugzeug des Westens, welches mit der Tupolew Tu-85 konkurieren konnte. Foto: via Wilfried Bergholz

Gewichtes der Tu-85 trug ihr Fahrwerk Zwillingsreifen. Die Defensivbewaffnung bestand aus fünf Waffentürmen mit Zwillings-Maschinenkanonen NR-23. Ihre größte Innovation aber waren die vier Dobrjnin WD-4K 24-Zylinder-Motoren, von denen jeder einen riesigen zweistufigen Turbolader sowie Intercooler besaß und 3.800 PS Dauer- sowie 4.300 PS Startleistung an einen Dural-Propeller von 4,5 m Durchmesser abgab. Die mitgeführte Treibstoffmenge von insgesamt 63.600 Liter verteilte sich auf 48 Tanks und in puncto Reichweite kam der Tu-85 in diesen Tagen nur die amerikanische Convair B-36 »Peacemaker« gleich. Am 9. Januar 1951 hob der Prototyp mit einer vierköpfigen Besatzung erstmals ab. Der zweite Prototyp führte am 12. September desselben Jahres bei 20 ½ Stunden Flugzeit einen Langstreckenflug über 9.020 km durch, den er später mit einem weiteren Flug über 13.018 km überbot. Die Tu-85 hatte inzwischen den ASCC-Code »Barge« erhalten. Für statische Tests wurde noch ein dritter Prototyp gebaut, im folgenden Jahr jedoch stellte man das ganze Programm ein, da einerseits eine gewisse Verwundbarkeit der amerikanischen Boeing B-29 »Superfortress« über Korea festgestellt wurde und man andererseits die Zukunft in Langstreckenflugzeugen wie der Tupolew Tu-95 mit noch leistungsfähigeren Turboproptriebwerken – vor allem aber in stahlgetriebenen Flugzeugen sah, die mehr Leistung bei weniger Treibstoffverbrauch versprachen. Starken Einfluss auf diese Entscheidung der V-VS hatte auch die amerikanische Boeing B-52 »Stratofortress«, die Anfang Oktober 1952 ihren Jungfernflug absolvierte und damit auch einen Blick in die Zukunft strategischer Bomberflotten offenbarte. Somit war die Tu-85 auch das letzte große Flugzeug von Tupolew mit ungepfeilten Tragflächen.

Tupolew Tu-16 (Tu-88, N, H-6)

Als im Jahr 1952 beim KB Mikulin das von P. F. Zubets in fünf Jahren entwickelte Düsentriebwerk AM-3 mit 6.750 kg Schubleistung erschien, war das für die sowjetische Strahltriebwerksentwicklung ein Quantensprung, da damit erstmals die Leistungsbarriere von 3.000 kg Schub deutlich überschritten wurde. Durch dieses Triebwerk wurde nun der Bau neuer, großer Strahlflugzeuge mit bisher noch nicht dagewesenen Flugleistungen möglich. Bei der nun geplanten Tupolew Tu-88, auch als Projekt N bezeichnet, sollten sich die Nutzlast und die Reichweite der Tupolew Tu-4 mit der Geschwindigkeit der modernsten Jagdflugzeuge vereinigt werden. Ende 1948 wurden zwei Prototypen beim Entwicklungsteam von Dimitri S. Markow in Auftrag gegeben. Ursprünglich waren als Antrieb der Tu-88 sechs Klimow WK-1-Düsenmotoren vorgesehen, jedoch ließen zwei der neuen in den Tragflächenwurzeln eingebaute Mikulin AM-3-Triebwerke bessere Flugleistungen erwarten. Als Zuladung wurden mindestens 5 t Abwurflasten gefordert, es sollte aber auch eine FAB-9000 im Bombenschacht mitgeführt werden können. Das Anvisieren des Zieles auch bei schlechter Sicht erfolgte mit dem Navigations- und Bombenradar »Rubin«, welches von

Flugzeugtyp:	Tupolew Tu-16
Verwendungszweck:	strategischer Bomber, Aufklärer, ECM-Flugzeug
Besatzung:	6
Antrieb:	zwei Mikulin RD-3M (AM-3M)-Strahltriebwerke mit je 9.500 kg Schubleistung
Spannweite:	32,93 m
Länge:	34,80 – 37,90 m *
Höhe:	10,80 m
Flügelfläche:	164,65 m²
Leergewicht:	36.600 – 41.500 kg *
normales Startgewicht:	72.000 kg
max. Startgewicht:	75.800 – 90.000 kg *
Höchstgeschwindigkeit in Bodennähe:	1.050 km/h
in 6.000 m:	991 km/h
in 10.000 m:	1.010 km/h
Reisegeschwindigkeit:	850 km/h
Landegeschwindigkeit:	223 km/h
Gipfelhöhe:	12.800 – 15.000 m *
Reichweite:	5.760 km (mit 3 t Zuladung); 4.400 km (mit 9 t Zuladung)
Startstrecke:	1.250 m
Landestrecke:	1.100 m
Bewaffnung:	sieben 23 mm-MK NR-23; bis zu 9.000 kg Abwurflasten

** je nach Version*

Von der seit 1959 in der Volksrepublik China in Lizenz gefertigten Hongzhaji-6 stehen heute noch einige Maschinen als Tankflugzeuge im Dienst.

Dieses zeitgenössische nachcolorierte Foto zeigt eine Tupolew Tu-16A. Dieser Atomwaffenträger war mit ca. 700 Exemplaren die meistgebaute Version dieses Typs. Im Hintergrund erkennt man zwei Tu-4 und rechts davon eine Tu-70.

Mit der Tupolew Tu-16Z (im Foto rechts) erschien an Mitte der 1950er Jahre die erste Tankerversion, der acht Jahre später mit der Tu-16N eine weitere Version folgte.

der NATO den Namen »Down Beat« erhielt. Der erste Prototyp der Tu-88, welcher am 27. April 1952 erstmals flog, geriet zur Verzweiflung von Andrej N. Tupolew mit mehr als 80 t Gewicht viel zu schwer und erreichte in niedrigen Flughöhen anstelle der geforderten Mach 0,9 (1.100 km/h) nur eine Maximalgeschwindigkeit von 700 km/h. Nachdem das Gewicht des des Flugzeuges um ca. 5,5 t reduziert wurde, kam die Tu-88 nun auf eine Höchstgeschwindigkeit von 1.015 km/h. Trotz ihrer Gewichts- und anderer Probleme versprach die Tu-88 gegenüber ihrem kleineren Konkurrenten Iljuschin Il-46 über das größere Potential zu verfügen und deshalb ordnete die Führung der V-VS im Dezember 1952 die Serienproduktion bei der GAZ-124 an.

Zwei Jahre später flogen die ersten neun in Kasan gebauten Serienmaschinen, nun als Tupolew Tu-16A bezeichnet, über dem Roten

Zwischen Splitterwällen abgestellt sind diese Tupolew Tu-16 »Badger« auf einer Luftwaffenbasis in Weißrussland. Foto: via Tapio Huttunen

Platz in Moskau und erhielten vom Westen den ASCC-Code »Badger«. Die erste Version Tu-16A (»Atomji«) konnte eine Zuladung von bis zu 9 t (auch Nuklearwaffen) mitführen und verfügte über das PRS-1 »Argon«, ein Zielradar für ihre Defensivbewaffnung welches von der NATO als »Bee Hind« bezeichnet wurde. Zum Bombenwurf diente wieder das »Rubin«-Radar und eine Reihe von weiteren elektronischen Systemen und Kameras ergänzten die Ausrüstung der »Atomji«. Vom Atomwaffenträger Tu-16A wurden ungefähr 700 Exemplare hergestellt. Zu den ersten ausländischen Kunden der Tu-16 zählten Ägypten und der Irak, wobei während des 6 Tage Krieges im Jahr 1967 alle 30 ägyptischen Tu-16 bei einem Überraschungsangriff von der israelischen Heyl Ha'Avir am Boden zerstört wurden. Nach dem Jahresbeginn 1960 wurden die meisten Tu-16A der V-VS für andere, konventionelle Aufgaben umgerüstet, da dieser Typ inzwischen als Speerspitze der Strategischen Bomberflotte zu veraltet war. Neben der Tu-16A wurden in den folgenden Jahren eine Reihe von weiteren Versionen der »Badger« hergestellt.

Die Tupolew Tu-16KS mit diente ab August 1954 bei der AV-MF als Trägerflugzeug für zwei KS-1 »Komet« (AS-1 »Kennel«) Luft-Boden-Lenkwaffen zur Schiffsbekämpfung und hatten zu diesem Zweck das »Kobalt-N« Zielbeleuchtungs- und Steuerungssysteme installiert und im Jahr 1959 erhielten die Flugzeuge auch das »Rubin-1« -Radar. Von der Tu-16KS (»Badger-B«) wurden mehr als 100 Exemplare gebaut, von denen 25 Stück Mitte des Jahres 1961 an die 41. und 42. Staffel der AURI (Angkatan Udara Republik Indonesia = Luftstreitkräfte der Republik Indonesien) geliefert wurden und dort bis Ende der 1980er Jahre im Dienst blieben.

Ab 1955 erhielt die AV-MF 135 Exemplare Tupolew Tu-16R (Typ 92), eine Fotoaufklärungsversion für Tag- und Nachteinsätze, die zwar zwischen fünf und neun Kameras im Bombenschacht, dafür aber keine Abwurflasten mitführen konnte und ab 1961 zusätzliche Sensoren für elektronische Aufklärung erhielt. Im Westen wurde diese Version als »Badger-E« bezeichnet. Als nachfolgende ELINT-Variante (Electronic Intelligence = Elektronische Aufklärung) wurden Tu-16A und KS zu Tupolew Tu-16PP (»Badger-H«) umgebaut. Diese waren als Begleitflugzeuge für Offensivverbände gedacht und konnten bis zu 8 t elektronischer Ausrüstung mitführen.

Im selben Jahr wurde mit der Tupolew Tu-16Z auch eine Tankerversion erprobt, welche im Flug über einen Schlauch von ihrer rechten Flü-

gelspitze Treibstoff zur linken Flügelspitze des zu betankenden Flugzeuges pumpte. Die Tu-16Z (»Badger-A«) besaß zusätzliche Treibstofftanks im Rumpf und konnte daher keine Abwurflasten mitführen.
Der Torpedobomber Tupolew Tu-16T für die AV-MF flog erstmals Anfang 1956 und konnte vier 53,3 cm AN-Torpedos, Bomben oder Seeminen einsetzen. Alle Tu-16T kamen direkt vom Werk, wurden später zu Tu-16S-Seenotrettungsflugzeugen umgebaut und im Westen ebenfalls als »Badger-A« bezeichnet.

Im Jahr 1958 flog der Prototyp der Tupolew Tu-16K-10 und ab Mitte des folgenden Jahres erhielt die V-MS mehr als 200 Exemplare zugewiesen, die als Trägerflugzeuge für Lawotschkin's strategische Luft-Boden-Lenkwaffe K-10S (NATO-Bezeichnung: AS-2 »Kipper«) dienten. Die Erprobung der K-10S mit einer maximalen Reichweite von 250 km wurden aber erst im Oktober 1961 abgeschlossen. Danach begann die Serienfertigung der Lenkwaffe, deren Trägerflugzeug inzwischen den ASCC-Code »Badger-C« erhalten hatte und einen unverglasten Bug

Bereits ein Museumsstück ist diese Tupolew Tu-16LL »Letajuschtschaja Laboratorija« mit einem Versuchstriebwerk unter dem Rumpf. Foto: via Dipl.Ing. Jerzy Butkiewicz

Die Tupolew Tu-16E und P-Varianten wurden für die elektronische Kriegsführung aus Tu-16KS- und K-10- Lenkwaffenträgern umgebaut. Foto: via Dipl.Ing. Jerzy Butkiewicz

Während des Jom Kippur-Krieges im Oktober 1973 setzte die ägyptische Al Quwwat Aljawwiya Ilmisriya ihre Tupolew Tu-16-K-16, ausgerüstet mit AS-5 »Kelt«-Luft-Boden-Lenkwaffen, gegen israelische Ziele ein. Foto: via Dipl.Ing. Jerzy Butkiewicz

besaß. Später wurden die meisten Tu-16K-10 zu Tu-16E und P umgebaut. Die restlichen Tu-16K-10 hingegen wurden 1962 ebenfalls umgerüstet um auch die neue Luft-Boden-Lenkwaffe K-26 (KSR-5P) mitführen zu können, weshalb sie ihrem erweiterten Aufgabengebiet entsprechend im Osten als Tu-16K-10-26 und im Westen als »Badger-G Mod.« bezeichnet wurden. Mit »Badger-D« hingegen meinte der Westen eine elektronische Seeaufklärungsvariante, die nur über eine Defensivbewaffnung verfügte.
Der nächste Lenkwaffenträger Tupolew Tu-16K-11-16 wurde 1959 aus nicht mehr benötigten Tu-16KS und Z umgebaut und diese Maschinen erhielten als Trägerflugzeuge für die beiden neuen Luft-Boden-Lenkwaffen KSR-11 bzw. K-11 (AS-6 »Kingfish«) und KSR-2 bzw. K-16 das Feuerleitsystem KR-11-16 »Kompleks« montiert. Die K-16 wurde im Westen als AS-5 »Kelt« bekannt und ihr Trägerflugzeug als »Badger-G«. 18 Exemplare der Tu-16K-16 standen 1973 bei der 1. Staffel der ägyptischen Al Quwwat al Jawwiya Ilmisriya im Einsatz und griffen in diesem Jahr während des Jom Kippur-Krieges mit ca. 25 aus etwa 9.000 m Höhe abgeschossenen K-16 Ziele in Israel an. Die Tu-16K-11-16 der AV-MF wurden später für andere Aufgabengebiete nochmals umgerüstet.
Die im Jahr 1961 erschienene Tupolew Tu-16E (ebenfalls Badger-E« genannt) war ein Umbau aus einer Tu-16KS und das erste Flugzeug der AV-MF für elektronische Kriegsführung. Es verfügte in seinem Bombenschacht und in seinem Heckkonus über eine Reihe von Antennen für Identifikation, Empfang und Sendung verschiedener elektromagnetischen Wellen. Noch im selben Jahr folgte mit der Tupolew Tu-16P eine zweite Version, die ebenfalls aus Tu-16KS entstand und ein Jahr später kam die nächste Variante Tupolew Tu-16REB. Da aber nicht alle Tu-16P über die gleiche Nase und einen Heckkonus verfügten und manche Maschinen Teile ihrer elektronischen Ausrüstung in Gondeln unter den Tragflächen trugen, führte das im Westen zu den unterschiedlichen Bezeichnungen »Badger-F, -K« und »-L«. Später folgte mit der Tu-16PM eine weitere Variante und ab 1969 wurden Tu-16K-10 zu einer nochmals weiterentwickelten Version namens Tupolew Tu-16RM modifiziert, die auch »Badger-J« genannt wurde und deren Aufgabe die Störung gegnerischer Ortungseinrichtungen war.
Mit der Tupolew Tu-16N erschien im Jahr 1963 die zweite Version eines Tankerflugzeuges für die ADD und die AV-MF. Diese Variante war primär zur Versorgung des neuen Überschallbombers Tupolew Tu-22 gedacht und führte normalerweise 54.000 Liter Treibstoff mit, welcher über ein Schlauchsystem vom Rumpf des Tankers aus mit 1.000 Liter pro Minute an das zu betankende Flugzeug abgegeben wurde. Von

der Tu-16N, die im Westen ebenfalls als »Badger-A« bezeichnet wird, standen 1995 noch mehr als 70 Stück im Dienst.
Die Tupolew Tu-16Sch war mit der elektronischen Ausrüstung der Tupolew Tu-22 versehen und diente als Besatzungstrainer für diesen Überschallbomber.
Die Tupolew Tu-16S war ein Umbau zu einem Seenotrettungsflugzeug für die AV-MF aus dem Jahr 1965, führte ein abwerfbares Rettungsboot unter dem Rumpf mit und wurde im Westen ebenfalls als »Badger-A« bezeichnet. Die Tu-16S stand als SAR-Flugzeug (Search and Rescue) mindestens bis Ende der 1990er Jahre im Einsatz.
Die Tupolew Tu-16KRM war eine Version für das PVO (Luftverteidigungskommando), von welcher aus Zieldrohnen gesteuert wurden und von der eine kleine Anzahl noch in den 1980er Jahren in Betrieb war. Ganz ohne Besatzung hingegen kam die ferngesteuerte Tupolew M-16 aus, die selbst ein Zieldarsteller war. Insgesamt wurden ungefähr 1.520 Tu-16 aller Varianten hergestellt.
Im September 1957 erhielt die Volksrepublik China die Lizenzrechte zum Nachbau der Tupolew Tu-16 als H-6 (Hongzhaji = Bombenflugzeug). Obwohl Andrej N. Tupolew seinen chinesischen Kunden alle technischen Zeichnungen übergeben wollte, entsprach das nicht den Intentionen seiner Regierung und deshalb mussten vor der Aufnahme der Serienfertigung in Harbin von den Chinesen ungefähr 15.400 ergänzende Zeichnungen angefertigt werden, was den dortigen Produktionsbeginn verzögerte. Dies mag der Grund dafür gewesen sein, dass erst im Jahr 1959 zwei Musterflugzeuge in Einzelteilen nach Harbin geliefert wurden, von denen das erste am 27. September desselben Jahres flog – gerade noch rechtzeitig vor dem chinesischen Nationalfeiertag am 1. Oktober. In den folgenden Jahren wurden bei den im Westen auch als Harbin bzw. Xian H-6 bekannt gewordenen Flugzeugen neben ihren als Wopen WP-8 lizenzgefertigten Mikulin RD-3M-Strahltriebwerken vermehrt Ausrüstungsteile chinesischer Entwicklung eingebaut. Am 14. Mai 1965 warf eine Harbin H-6 die erste chinesische Atombombe und eine Serie von H-6 wurde auch zum Einsatz von elektronischen Gegenmaßnahmen modifiziert.
Die Version H-6A flog erstmals am 24. Dezember 1968 und unter den nachfolgenden Luftbetankungs-, Aufklärungs- und ECM-Varianten (Electronic Counter Measures = Elektronische Gegenmaßnahmen) befindet sich auch die H-6D, ein Trägerflugzeug für Anti-Schiffs-Lenkwaffen (z.B. der C-601) die seit 1986 im Dienst der chinesischen Marineluftwaffe steht.
Es wird geschätzt, dass insgesamt ca. 120 Hongzhaji-6 aller Versionen gebaut wurden.

Im Jahr 1961 wurden 25 Tupolew Tu-16KS an die Angkatan Udara Republik Indonesia geliefert, welche damit zwei Staffeln ausrüstete.

Tupolew Tu-95 (95, Tu-20, Tu-96, Tu-114D, Tu-116, Tu-142)

Bei einer Besprechung im Kreml am 24. März 1951wurde betreffend eines neuen strategischen Bombers für die V-VS festgelegt, dass dieses Flugzeig imstande sein sollte, 5 t Abwurflasten mit 900 km/h über eine Strecke von 12.000 km zu transportieren. Studien des TsAGI empfahlen für den künftigen Bomber eine Tragflächenpfeilung von 35° und zwei unterschiedliche Antriebsvarianten: entweder sechs Mikulin AM-3 Strahltriebwerke (zwei davon paarweise in den Tragflächenwurzeln und die letzten beiden unter dem hinteren Rumpf) oder Turbopropmotoren mit insgesamt ca. 40.000 PS Leistung. Die ungewöhnlich angeordneten Düsentriebwerke wurden allerdings bald aufgegeben, da sie nicht die gewünschte Reichweite des Flugzeuges ermöglicht hätten. Somit blieb nur ein Antrieb mit Turboproptriebwerken übrig, der auf den TV-2- oder TV-12-Propellerturbinen von Nikolai D. Kusnezow basieren sollten. Bereits am 11. Juli 1951 wurde der Auftrag für das Projekt 95 erteilt und Nikolai Bazjenkow übertragen, der schon die Tu-85 entwickelt hatte. Flugzeug 95 sollte mit zwei unterschiedlichen Antriebsvarianten ausgeführt werden. Eine Version war mit vier Kusnezow TV-12-Truboproptriebwerken vorgesehen und die andere Variante sollte durch TV-2-Motoren angetrieben werden. Verschiedene Konstruktionsänderungen führten im Januar 1951 schließlich zum Kusnezow 2TV-2F[13], einem Doppel-Turboproptriebwerk, das seine 12.000 WPS an zwei gegenläufige Vierblatt-Luftschrauben von 5,60 m Durchmesser abgab. Am 12. November 1952 erfolgte der Jungfernflug des ersten Prototyps 95/1, ausgerüstet mit vier 2TV-2F-Trieb-

Flugzeugtyp:	Tupolew Tu-95M
Verwendungszweck:	strategischer Bomber
Besatzung:	8 – 9
Antrieb:	vier Kusnezow NK-12MV-Turboproptriebwerke mit je 14.795 WPS Leistung
Spannweite:	50,04 m
Länge:	46,17 m
Höhe:	13,30 m
Flügelfläche:	283,70 m²
Leergewicht:	84.300 kg
max. Startgewicht:	182.000 kg
Höchstgeschwindigkeit in Bodennähe:	905 km/h
in 7.000 m:	910 km/h
Reisegeschwindigkeit in 10.700 m:	720 – 750 km/h
Startgeschwindigkeit:	300 km/h
Landegeschwindigkeit:	270 km/h
Gipfelhöhe:	12.500 m
Reichweite:	14.960 km (mit 5 t Zuladung)
Startstrecke:	2.450 m
Landestrecke:	1.400 m
Bewaffnung:	zwei 23 mm-MK NR-23; 11.500 kg Abwurflasten intern; insgesamt bis zu 25.000 kg Abwurflasten
Marschflugkörper:	1 K-20 (AS-3 „Kangaroo") oder 2 bis 3 K-22 (AS-4 „Kitchen") oder 2 bis 3 K-26 (AS-6 „Kingfish") oder 12 K-15 (AS-16 „Kickback") oder 12 bis 16 K-15 (AS-15 „Kent")

[13] Die TV-2 und TV-12-Truboporptriebwerke basierten auf dem NK-12 resp. Junkers 222, welches gegen Ende des Zweiten Weltkrieges bei der Junkers Flugzeug- und Motorenwerke AG in verschiedenen Versionen mit Abgasturboladern in Entwicklung stand und nach Kriegsende von dessen deutschen Konstruktionsteam unter der Leitung des Österreichers Dipl.Ing. Ferdinand Brandner beim KB Kusnezow bis ihrer Entlassung aus der Kriegsgefangenschaft im Jahr 1954 weiterentwickelt wurde.

Die Kusnezow NK-12MV-Motoren der »Bear« (im Bild eine Tu-95MS) zählen mit ihren knapp 15.000 WPS zu den größten und leistungsfähigsten Propellertriebwerken der Luftfahrtgeschichte. Foto: via Dipl.Ing. Jerzy Butkiewicz

Fünf Tupolew Tu-142M-2-EK wurden ab 1976 an die indische Marine geliefert, wo sie heute noch im Dienst stehen.

werken. Beim 17. Testflug fing jedoch das Getriebe von Motor Nr. 3 Feuer und Flugzeug 95/1 stürzte ab, wobei sich die sechsköpfige Besatzung mit ihren Fallschirmen retten konnte. Der zweite Prototyp 95/2 wurde zwar bereits im Juni 1954 fertiggestellt, doch die sorgfältige Suche nach den Ursachen des Absturzes von Flugzeug 95/1 und die Prävention künftiger ähnlicher Probleme verzögerten den Erstflug von 95/2 bis zum 16. Februar 1955. Nach dem Ende der Erprobung des zweiten Prototyps wurde die Produktion bei der GAZ-18[14] in Kjubischew (Samara) angeordnet und im Oktober desselben Jahres flogen bereits die ersten beiden Serienmaschinen des als Tupolew Tu-20 resp. Tu-95[15] bezeichneten Bombers, während die Erprobung des zweiten Prototyps 95/2 beim NII V-VS erst am 20. Dezember 1955 endete. Als die ersten Tu-95, welche inzwischen den ASCC-Code »Bear« erhalten hatte,

[14] Die GAZ-18, bei der im Jahr 1936 bereits die Tupolew ANT-36/RDD gefertigt wurde, übersiedelte 1941 von Woronesch nach Kjubischew.

[15] Nach östlichen Quellen sind Tu-95 und Tu-142 Werksbezeichnungen des OKB Tupolew, während dieses Flugzeug bei der Truppe als Tu-20 bezeichnet wird.

an die ersten Staffeln der ADD ausgeliefert wurde, zeigte man sich dort allerdings mit der Höchstgeschwindigkeit, Reichweite und Gipfelhöhe des Bombers unzufrieden, weshalb später viele Exemplare der ersten Produktionsserie zu Tu-95U-Trainern umgebaut wurden. Mit der zweiten Produktionsserie Tu-95M (Moderniziro-wannji), welche neben einer Reihe anderer Modifikationen als wichtigste Verbesserungen vier Kusnezow NK-12MV-Triebwerke mit je 14.795 WPS Leistung sowie zusätzliche Treibstofftanks in den Tragflächen erhalten hatte wurde versucht, alle Forderungen der ADD zu erfüllen und als die Erprobung der Tu-95M beim NII V-VS im Oktober 1957 beendet war und die Flugzeuge an die Einsatzstaffeln ausgeliefert wurden, waren deren Besatzungen diesmal mit dem Ergebnis zufrieden. Bis Ende 1959 wurden in Kjubischew 150, im Westen als »Bear-A« bezeichnete Tu-95M fertiggestellt. Ab 1965 wurden auch Tu-95M zu Tu-95U-Schulflugzeugen umgerüstet und im Westen

Die Tupolew Tu-95RT führte keine Abwurflasten mit sich, sondern diente als ELINT-Flugzeug zum Aufspüren und Verfolgen feindlicher Unterseeboote. Foto: via Dipl.Ing. Jerzy Butkiewicz

Die Tupolew Tu-95K diente in verschiedenen Versionen als Trägerflugzeug für Marschflugkörper. Foto: via Dipl.Ing. Jerzy Butkiewicz

Ziemlich geräumig ist der Arbeitsplatz der Besatzung der Tupolew Tu-142R, von welcher 1993 zehn Exemplare für die AV-MF umgebaut wurden. Foto: via Dipl.Ing. Jerzy Butkiewicz

ebenfalls als »Bear-A« sowie manchmal inoffiziell auch als »Bear-T« (»Trainer«) bezeichnet. Bereits 1955 wurde mit der Tupolew Tu-95K – die anfangs Tu-95SM-20 genannt wurde – eine Version entwickelt, die im folgenden Jahr als Trägerflugzeug für eine MiG SM-20 diente, die wiederum ein Testflugzeug für das Funkleitsystem der ebenfalls von Mikojan-Gurewitsch stammenden Luft-Boden-Lenkwaffe K-20 war, welche künftig auch von Tu-95 zum Einsatz gebracht werden sollte. Da zu dieser Zeit die Philosophie der ADD, ihre Ziele mit in großen Höhen fliegenden Langstreckenbombern direkt anzugreifen, durch jene des Einsatzes von strategischen, überschallschnellen Luft-Boden-Lenkwaffen abgelöst wurde, erschien als Folge davon bereits 1956 die Tupolew Tu-95K-20, welche eine teilweise im Rumpf versenkte, ca. 10 t schwere K-20-Lenkwaffe (AS-3 »Kangaroo«) mitführen konnte. Diese Paarung wurde allerdings erst im Herbst 1959 einsatzbereit und von dem auch als »Bear-B« bezeichneten Trägerflugzeug wurden ungefähr nur 50 Exemplare gebaut. Im Mai 1960 erschien mit der Tu-95KD eine neue Version der Tu-95K mit fortgeschrittener Elektronik, wurde im Westen ebenfalls als »Bear-B« und auch als »Bear-C« bezeichnet. Dieser Version wiederum folgte ab 1967 die neuerliche Weiterentwicklung Tu-95KM (»Bear-C«) mit weiter modernisierter Elektronik.

Im Jahr 1956 wurde mit der Tupolew Tu-96 eine leicht vergößerte Version der »Bear« als strategischer Höhenbomber erprobt der, angetrieben von vier Kusezow NK-16-Turboproptriebwerken mit je 18.100 PS Leistung, eine Bombenlast von 5 t bei 850 km/h Geschwindigkeit über 10.000 kg transportieren und dabei auf eine Höhe von 17.000 m steigen sollte. Da aber bei den neuen, zunehmend leis-

Vorbereitungen für den Einsatz einer Tupolew Tu-142MR, die seit Anfang der 1960er im Dienst steht. Foto: via Dipl.Ing. Jerzy Butkiewicz

tungsfähigeren Flugabwehr-Raketen auch große Flughöhen keinen besonderen Schutz mehr gewährten, wurde dieses Projekt nach dem Bau eines Prototyps aufgegeben.
Anders als die nachfolgende Tu-114 die als Passagierflugzeug, basierend auf der Tu-95 einen neu konstruierten Rumpf erhielt, war die von Alexander A. Archangelski entwickelte und am 23. April 1957 zu ihrem Erstflug startende Tupolew Tu-116 eine einfache Zivilversion des Tu-95-Bombers. Die Tu-116 bzw. Tu-114D (Diplomatnij), welche die gleichen Abmessungen hatte wir die Tu-95M, verfügte die Radaranlage der Tu-104 und war für 24 bis 30 Fluggäste ausgelegt, konne aber auch Fracht transportieren. Nach dem Ende der Erprobung des Prototyps beim NII GVF Anfang 1958 wurde nur noch eine weitere Maschine gebaut, die beide

Die Tupolew Tu-95K-22 »Bear-G« konnte bis zu drei Luft-Boden-Lenkwaffen K-22 (AS-4 »Kitchen«) mitführen. Foto: via Dipl. Ing. Jerzy Butkiewicz

Obwohl anders konzipiert, hat die Tupolew Tu-20 »Bear« die gleichen Aufgabenbereiche zu erfüllen wie ihr amerikanisches Pendant, die Boeing B-52 »Stratofortress«. Foto: via Dipl.Ing. Jerzy Butkiewicz

bei der V-VS in Dienst gestellt wurden.
1957 wurde eine Tu-95M zur Tu-95LAL (Letajuschtschaja Atomnaia Laboratorija = Fliegendes Atom Labor) umgebaut, die einen Atomreaktor an Bord hatte. Die Besatzung des Flugzeugs mit der Werksnummer 7800408 wurde durch 20 cm dicke Bleiwände von der Strahlung abgeschirmt. Im Juni 1959 wurder der Reaktor das erstemal hochgefahren und im Mai 1961 erfolgte der Erstflug der Tu-95LAL. Bis August 1961 wurden insgesamt 34 Testflüge durchgeführt, wobei der Atomreaktor als zusätzlicher Energielieferant für die mit Kerosin betriebenen Triebwerke diente. Die Einsatzversion sollte als Tu-119 bezeichnet werden, jedoch wurde dieses Projekt nicht weitergeführt.
Die einzige Tupolew Tu-95N wurde im Jahr 1959 fertiggestellt und diente als Trägerflugzeug für das Tsibin NM-1/RSR-Programm, einen Mach 2+ schnellen Tag/Nacht-Allwetteraufklärer.
Die Tupolew Tu-95MR (»Bear-E«) war eine ELINT-Variante, von der ab 1961 eine kleine Serie produziert wurde.
Am 30. Oktober 1961 schrieb eine als Tupolew Tu-95W bezeichnete Maschine Geschichte, indem sie die sogenannte »Zar-Bombe«[16] abwarf. Bei der Tu-95W wurden die Klappen des Bombenschachts entfernt, um die 8 m lange und 27 t schwere Bombe AN602 mit 2 m Durchmesser transportieren zu können.
Die Tupolew Tu-95RT war eine Serie von ungefähr 50 Exemplaren für die AV-MF, die keinerlei Abwurflasten mitführte und als elektronisches Aufklärungsflugzeug und Zielbeleuchter gegen Kriegsschiffe – vor allem gegen Unterseeboote – eingesetzt wurde. Diese Marineaufklärer flogen ihre Einsätze von Äthiopien, Angola, Guinea, Kuba, Libyen, Moçambique und Vietnam

[16] Die offiziell als AN602 bezeichnete Wasserstoffbombe mit einer Sprengkraft von 50 – 60 Megatonnen erzeugte die größte bisher von Menschenhand gezündete Expolsion. Aus 10.000 m Flughöhe abgeworfen und durch einen Fallschirm gebremst, wurde die AN602 in 4.000 m Höhe über dem Testgelände der Mitjuschika Bucht auf der Insel Nowaja Semlja in der Barentssee gezündet, wobei der Feuerball den Erdboden berührte und der nachfolgende Atompilz 64 km Höhe erreichte. Erst nach dem Zerfall der Sowjetunion wurde der Spitzname „Zar-Bombe" für die AN602 gebräuchlich.

Bereits ein Museumsstück ist diese Tupolew Tu-95LL »Letajuschtschaja Laboratorija« mit einem Versuchstriebwerk unter dem Rumpf. Foto: via Dipl.Ing. Jerzy Butkiewicz

aus. Bei den SALT-Gesprächen (Strategic Arms Limitations Talks = Abrüstungsgespräche für strategische Waffen) in den 1980er Jahren wurde diese auch »Bear-D« genannte Version von den Verhandlungen extra ausgenommen. Mit der Tupolew Tu-142 erschien im Jahr 1963 eine neue Familie von »Bear« für die AV-MF, deren Hauptaufgabe das Auffinden und die Abwehr von amerikanischen Atom-Unterseebooten der »Polaris«- und »Poseidon«-Klasse war. Die Tu-142 unterschied sich von der Tu-95 durch zahlreiche äußere und innere Modifikationen und ihr Prototyp flog erstmals im Juli 1968. Als die Tu-142 ab 1972 bei der AV-MF in Dienst gestellt wurde, erhielt sie den ASSC-Code »Bear-F«. Die erste Variante war die Tu-142A (»Bear-F Mod. 1«) mit vereinfachter elektronischer Ausrüstung ohne Naviagationsradar, von der jedoch nur 15 Exemplare gebaut wurden. Um der Bedrohung durch die amerikanischen Boeing B-52 »Stratofortress« zu begegnen, fiel Ende der 1960er Jahre im Kreml die Entscheidung, mit der Tupolew Tu-95K-26 ein Trägerflugzeug für die Luft-Boden-Lenkwaffe K-26 (im Westen ebenfalls als AS-6 »Kingfish« bezeichnet) nach dem Vorbild der Tupolew Tu-16K-26 zu entwickeln. Aber bereits 1971 entschied man, den inzwischen in Tu-95M-5 umbenannten Lenkwaffenträger nur in geringen Stückzahlen zu bauen, da man den schnelleren Trägerflugzeugen Tu-16K und Tu-22M bessere Einsatzchancen mit der K-26-Lenkwaffe attestierte. Ende des Jahres 1974, bereits unter der Leitung von Alexei A. Tupolew, dem Sohn des Ende 1972 verstorbenen Firmengründers wurde versucht, mit der Tu-142M eine Antwort auf die neueste Bedrohung durch geräuscharme westliche Unterseeboote zu finden und deshalb wurde diese Version mit neuester Elektronik und vor allem mit einem empfindlicheren Sonarsystem ausgerüstet, was eine Änderung des vorderen Rumpfes und der Innenausstattung der Tu-142M erforderte. Neben einer Modifikation der Triebwerke wurde z.B. die Kabine um 36 cm höher und um 23 cm länger, die Fenster wurden tiefer und die Antennen im Radom unter dem Rumpf tauschte man gegen die neuesten Versionen. Der Erstflug des Prototyps erfolgte am 4. November 1975, jedoch wurde die Tu-142M (»Bear-F Mod. 2«) nicht vor 1980 einsatzbereit. Ungefähr zur selben Zeit erschien als Interimslösung auch die Variante Tu-142ML, welche mit dem Magnetometer[17] »Ladoga« und aufgewerterter Elektronik ausgerüstet war. Fünf dieser im Westen als »Bear-F Mod. 3« bekannt gewordenen Flugzeuge wurden als Tu-142M-2-EK an die 312. Staffel »Albatrosse« der Baharatiya Nausena (indische Marine) geliefert. Zwischen 1976 und 78 wurden die Elektronik und die Sensoren der »Badger-F«-Versionen neuerlich modifiziert, was optisch an einem neuen Ra-dom, anderen Antennen und kleinen Veränderungen am Rumpf erkennbar war und zur Tu-142MZ führte. Im Jahr 1993

[17] *Ein Magnetometer (MAD = Magnetic Anomaly Detector) dient beim Suchen nach getauchten Unterseebooten zum Aufspüren von Unregelmäßigkeiten im Magnetfeld der Erde.*

Im Gegensatz zur Tupolew Tu-114 »Cleat« die als Airliner einen neuen Rumpf erhielt, waren die beiden Tupolew Tu-116 Umbauten von Tu-95-Bombern zu Passagier- und Frachtflugzeugen.

wurden 59 ältere Tu-142M auf diese Weise umgebaut und erhielten im Westen den ASCC-Code »Bear-F Mod. 4«. Die bisher letzte umgebaute Variante für die Marineluftwaffe war die Tu-142MR (»Bear-J«) mit geänderter Elektronik, von welcher jeweils fünf Maschinen an die Nordmeer und die Pazifik Flotte geliefert wurden.
Als Nachfolger der Tu-95M-5 flog im Oktober 1975 erstmals der Prototyp der Tupolew Tu-95K-22, die als Träger für die Luft-Boden-Lenkwaffe K-22 (AS-4 »Kitchen«) diente und überwiegend aus Tu-95K-20, KD und KM umgerüstet wurde. Im Jahr 1993 standen noch mehr als 45 »Bear-G« im Dienst.
Als letzte wirklich neue Variante flog im September 1979 erstmals die Tupolew Tu-95MS-16 (»Bear-H16«), ein Trägerflugzeug für Langstrecken-Lenkwaffen. Basierend auf der Tu-142M der AV-MF wurden in den leicht verkürzten Rumpf eine Reihe von Empfangs-, Sende- und Leitsystemen, Pylons unter den Tragflächen sowie ein Revolverstarter im Rumpf, von dem aus sechs RKV-500A bzw. K-15 (AS-16 »Kickback«) Marschflugkörper gestartet werden konnten, eingebaut. Als eines der Verhandlungsergebnisse der SALT/START-Geschpräche in den 1980er Jahren wurden alle Tu-95MS-16 zu Tu-95MS-6 (»Bear-H6«) umgebaut. Bei dieser finalen Variante wurden die Tragflächenpylons wieder entfernt und als Hauptbewaffnung dient nun der Marschflugkörper RKV-15B bzw. K-15 (AS-15 »Kent«) in drei Versionen. Nach 37 Jahren Bauzeit wurde Anfang 1992 die Serienfertigung der Tu-95/Tu-142 eingestellt, jedoch standen Mitte der 1990er Jahre noch ungefähr 110 Exemplare im Dienst bei den Luftwaffen der Nachfolgestaaten der ehemaligen Sowjetunion.
Im Laufe der 37 Produktionsjahre der »Bear« wurden neun Flugzeuge als Tu-95LL (Letajuschtschaja Laboratorija) als Trägerflugzeuge für bemannte Flugzeuge und für Lenkwaffen fertiggestellt, während die Tu-95I, ein Projekt aus dem Jahr 1966, mit Kusnezow NK-20-Turpoproptriebwerken von je 20.000 WPS Leistung war, welches jedoch nicht verwirklicht wurde.

Tupolew Tu-91 (507, 91)

Im Jahr 1947 plante die sowjetische Führung eine Flotte von großen Flugzeugträgern, vergleichbar mit jener der US Navy, die sich ja im Pazifik-Krieg sehr bewährt hatte. Deshalb begann man beim OKB 156 Tupolew mit den Projekten 507 (mit einem Turboproptriebwerk) und 509 (mit zwei Strahltriebwerken), welche als trägergestützte Bomber, Minenleger, Aufklärer, U-Boot-Jäger und auch als Jagdflugzeuge dienen sollten. Im Jahr 1950 stellte sich jedoch heraus, dass die ebenfalls in Entwicklung stehende Tupolew Tu-14 bei wengier Treibstoffverbrauch die gleichen Flugleistungen bei größerer Reichweite erzielte, wie das ebenfalls zweistrahlige Projekt 509 (= 1950, 9. Projekt) – worauf dieses eingestellt wurde und das Konstruktionsteam von Pawel O. Suchoi sich auf das Projekt 507 (= 1950, 7. Projekt) konzentrierte. Die gepanzerte, auch als Flugzeug 91 bezeichnete Maschine mit faltbaren Tragflächen und einem Fanghaken für Trägerlandungen erhielt bald den inoffiziellen Spitznamen »Bychok« (»junger Stier«). Da sie keinen Bombenschacht besaß, war vorgesehen einen 45-36 Torpedo bzw. eine FAB-1500 unter dem Rumpf oder kleinere Bomben, Minen oder ungelenkte Raketen an vier Tragflächenpylonen mitzuführen. Die Flugerprobung begann nach dem Jungfernflug am 17. Mai 1955 mit einem Kusnezow TV-2M-Turboproptriebwerk mit 7.650 WPS Leistung. Die Tu-91 erwies sich als sehr manövrierfähig, doch hatte die AV-MF inzwischen ihren Plan einer Flugzeugträgerflotte aufgegeben und deshalb wurde der Prototyp für den künftigen Betrieb von Land aus umgebaut.

Flugzeugtyp:	Tupolew Tu-91
Verwendungszweck:	träger- und landgestützter Angriffsflugzeug-Prototyp
Besatzung:	2
Antrieb:	ein Kusnezow TW-2M-Turboproptriebwerk mit 7.650 WPS Leistung
Spannweite:	16,40 m
Länge:	17,70 m
Höhe:	5,06 m
Flügelfläche:	47,48 m²
Leergewicht:	ca. 8.000 kg
max. Startgewicht:	14.400 kg
Höchstgeschwindigkeit in Bodennähe:	800 km/h (ohne Zuladung)
Reisegeschwindigkeit:	650 km/h
Gipfelhöhe:	11.000 m
Reichweite:	2.350 km
Startstrecke:	518 m (normale Zuladung)
Landestrecke:	438 – 652 m
Bewaffnung:	vier 23 mm-MK NR-23; ein 7,62 mm-MG SchKAS; bis zu 1.500 kg Abwurflasten

Im Januar 1955 wurde die Landversion der Tu-91 zur Serienproduktion freigegeben, wobei auch ASW- (Anti Submarine Warfare = Unterseebootbekämpfung) und ECM-Versionen vorgesehen waren. Die ablehnende Haltung des neuen Vorsitzenden der KPdSU, Nikita Sergejewitsch Chruschtschow gegenüber der Tu-91 verhinderte aber schlussendlich den Serienbau. Dennoch wurde die Tu-91 ein Jahr später in Kubinka einer westlichen Delegation vorgeführt, worauf das Flugzeug den ASCC-Code »Boot« erhielt.

Die Tupolew Tu-91 war für die trägergestützte Aufklärung- und U-Bootbekämpfung geplant, wurde dann zum landgestützten Flugzeug umgebaut und endete als Einzelstück. Foto: via Dipl.Ing. Butkiewicz

Tupolew Tu-104 (Tu-107)

Flugzeugtyp:	Tupolew Tu-104
Verwendungszweck:	Passagierflugzeug
Besatzung:	5
Antrieb:	zwei Mikulin AM-3-Strahltriebwerke mit je 8.750 kg Schub
Spannweite:	34,54 m
Länge:	38,85 m
Höhe:	11,90 m
Flügelfläche:	174,40 m²
Leergewicht:	41.600 kg
max. Startgewicht:	75.500 kg
Höchstgeschwindigkeit in 10.000 m:	950 km/h
Reisegeschwindigkeit:	770 – 900 km/h
Gipfelhöhe:	11.500 m
Reichweite:	2.650 – 4.200 km
Zuladung:	50 Passagiere (Tu-104); 70 Passagiere (Tu-104A); 100 Passagiere (Tu-104V); 104 oder 115 Passagiere (Tu-104B, ab 1967); 85 – 100 Passagiere (Tu-104D)

Im Februar 1953 legte Andrej N. Tupolew seinem Führer Josef Stalin, wenige Wochen vor dessen Hinscheiden, die Pläne für ein strahlgetriebenes Passagierflugzeug vor, welches unter der Leitung von Dimitri S. Markow entwickelt worden war. Der als Tupolew Tu-104 bezeichnete Airliner basierte auf dem Bomber Tupolew Tu-16, dessen Serienfertigung erst drei Monate zuvor begonnen hatte. Abgesehen von einem neuen Rumpf konnte der Rest des geplanten Passagierflugzeuges weitgehend von der Tu-16 übernommen werden und erforderte nur geringere Modifikationen, wie z.B. beim Tragflächenmittelteil zwischen den Triebwerken, ein längeres Bugfahrwerk und die Installation anderer Treibstofftanks in den Tragflächen. Das Flugzeug führte nun 33.150 l Treibstoff mit. Zwar bot die Tu-104 aufgrund ihres hohen Preises von £ 425.000 westlichen Fluglinien keinen

Mit der Tupolew Tu-104 begann für die Aeroflot das Jetzeitalter. Auf dem Foto warten 1958/59 Tu-104A und B auf dem Fluglatz Moskau-Wnukowo auf ihre Fluggäste. Foto: via Laszlo Javor

Die Ceskoslovenské Aerolinie war der einzige ausländische Betreiber der Tupolew Tu-104A.

Kaufanreiz, doch für die Aeroflot war dieses Strahlflugzeug im Vergleich zu den im Dienst stehenden zeitgenössischen Flugzeugen (Lisunow Li-2, Iljuschin Il-12 und Il-14) die bisher größte, vor allem aber die schnellste Passagiermaschine, welche die sowjetische Luftfahrtindustrie zu diesem Zeitpunkt anbot. So verkürzte sich z.B. mit der Tu-104 ein Flug von Moskau nach Irkutsk von knapp 14 Stunden um ca. 60% auf etwa 5 ½ Stunden und dies war gleichzeitig auch der erste Schritt zu jener überragenden Bedeutung, welche Tupolew-Airliner in den nächsten 25 Jahren für die GVF erhalten sollten. Die Hauptpassagierkabine der Tu-104 war 16,11 m lang, 3,20 m breit und 1,95 m hoch und in ihrer ersten Version für 50 Fluggäste ausgelegt. Ein Teil der elektronischen Ausrüstung der Tu-104 stammte aus britischen Quellen, wie das ILS (Instrumenten-Lande-System) und das VOR (VHF omnidirectional radio range = UKW-Drehfunkfeuer). Der Jungfernflug des Prototyps mit der Kennung »USSR-L5400« erfolgte am 17. Juni 1955 und bereits im selben Sommer begann das Besatzungstraining für diesen Jetairliner mit einer Tu-104G, einer entmilitarisierten Tu-16, während die Flugerprobung des Prototyps beim NII bis zum Jahreswechsel 1955/56 fortgesetzt wurde. Am 22. März 1956 besuchte der Prototyp London-Heathrow und am folgenden 12. Oktober Prag-Kbely – und bereits am 15. September 1956 hatten die ersten Tu-104 der Serienfertigung den Liniendienst zwischen Moskau und Irkutsk aufgenommen. Mit ihren nachfolgenden Versionen wurde die Tu-104 Mitte der 1960er Jahre zum wichtigsten Passagierflugzeug der UdSSR. Durch die Robustheit ihrer Triebwerke verlängerten sich die Serviceintervalle der Tu-104 im Laufe der Jahre von 300 auf 2.000 Stunden. Als bei der ersten Version Tu-104A – die ab Winter 1956/57 flog – die Mikulin AM-3 Strahltriebwerke der Tu-16 für die zivilen Anforderungen zu AM-3M modifiziert wurden, erhöhte sich gleichzeitig das Startgewicht des Airliners und ermöglichte nun die Beförderung von bis zu 70 Passagieren. Mit diesen Verbesserungen stellte die Tu-104A im September 1957 drei Weltrekorde auf. Die nächste Version war die in ca. 60 Exemplaren gebaute Tu-104B, welche einen um ungefähr 1,50 m längeren Rumpf besaß, mit der Bezeichnung Tu-104E ebenfalls zwei Klassenrekorde aufstellte und am 15. April 1959 auf der Strecke Moskau – Leningrad ihren Liniendienst aufnahm. Ab 1967 wurden die Tu-104B bei der GVF überarbeitet und konnten danach entweder 104 oder 115 Passagiere aufnehmen. Die nachfolgende Variante Tu-104V war als modifizierte Tu-104A für 100 Fluggäste in drei Kabinenklassen ausgelegt und dieser folgte die Tu-104D, welche anfangs 85 Passagiere, später jedoch ebenfalls 100 Fluggäste befördern konnte. Mit der Tu-104Sch

Diese Tupolew Tu-104A der V-VS wurde inzwischen ein Museumsexponat. Foto: via Dipl.Ing. Jerzy Butkiewicz

Eine Tupolew Tu-104A als nächtlicher Besucher in den Vereinigten Staaten von Amerika.

und der Tu-107 wurde nun der Kreis zurück zur Militärluftfahrt wieder geschlossen, denn die Tu-104Sch diente als Besatzungstrainer für den Überschallbomber Tupolew Tu-22 und die Tu-107 sollte als militärische Transportvariante der Tu-104 mit spezieller Avionik, einer Heckrampe und einem Waffenturm darüber ausgerüstet werden und bis zu 70 Fallschirmjäger oder leichte Fahrzeuge und kleine Geschütze transportieren können. Dieser Plan wurde jedoch nicht verwirklicht und die einzige Tu-107 diente letztendlich als unbewaffneter VIP-Transporter. Im Westen erhielt die Tu-104 den ASCC-Code »Camel« und einziger ausländischer Kunde war die CSA (Ceskoslovenské Aerolinie), die ab November 1957 bis 1959 fünf Exemplare vom Werk und später eine sechste Maschine von der Aeroflot erhielt. Als die Serienproduktion im Jahr 1960 eingestellt wurde, waren insgesamt 203 Tu-104 gebaut worden. Am 11. November 1986 erfolgte – soweit bisher bekannt – der letzte Flug einer Tu-104: vom Flughafen Moskau-Scheremetjewo in das Aeroflot Museum in Uljanowsk.

Tupolew Tu-98

Flugzeugtyp:	Tupolew Tu-98
Verwendungszweck:	Überschall-Bomber-prototyp
Besatzung:	3
Antrieb:	zwei Ljulka AL-7F-Strahltriebwerke mit bis zu je 9.000 kg Schub
Spannweite:	17,27 m
Länge:	32,06 m
Höhe:	8, 06 m
Flügelfläche:	87,50 m²
Startgewicht:	39.000 kg
max. Startgewicht:	49.500 kg
Höchstgeschwindigkeit in 12.000 m:	1.238 – 1.365 km/h
Gipfelhöhe:	12.750 m
Reichweite:	2.440 km (max. Zuladung)
Bewaffnung:	zwei 23 mm-MK AM-23; bis zu 4.000 kg Abwurflasten, auch nuklear (intern)

Im Jahr 1953 forderte die V-VS von den OKBs Iljuschin und Tupolew einen Bomber, der über seinem Ziel in großen Höhen Überschallgeschwindigkeit erreichen sollte. Bei Iljuschin entstand daraufhin die zweistrahlige Il-54 in Hochdeckerbauweise mit Tandemfahrwerk und beim OKB 156 Tupolew begannen die Arbeiten an der Tu-98. Da man aber noch keine Erfahrungen beim Bau von Überschallflugzeugen besaß, wurde die Hilfe des TsAGI benötigt, wo man dünnprofilige Tragflügel mit einer Pfeilung von 58° vorschlug. Den Antrieb besorgten zwei im Rumpfheck nebeneinander eingebaute Ljulka AL-7F-Strahltriebwerke mit je maximal 9.000 kg Schubleistung. Über den Triebwerken waren zwei Makarow AM-23 Maschinenkanonen montiert, die vom Funker fernbedient wurden und das dazugehörige »Argon«-Zielradar befand sich sin einem tropfenförmigen Behälter an der Spitze des Leitwerks. Intern konnte die Tu-98 bis zu vier FAB-1000 oder eine Atombombe mitführen, deren Abwurf durch eine vor dem Bombenschacht im Rumpf eingebaute Kamera dokumentiert wurde. Anfang des Jahres 1956 startete der erste von zwei Prototypen zum Jungfernflug und beendete seine Fluger-

Zwei Jahre nach der Einstellung des Projektes wurde ein Prototyp der Tupolew Tu-98 als Erprobungsträger für das Waffensystem der Tupolew Tu-28/128 wieder in Dienst genommen.

Obwohl von dem Überschallbomber Tupolew Tu-98 »Backfin« nur zwei Prototypen gebaut wurden, beschäftigten seine vermuteten Flugleistungen und seine vermeintliche monatliche Produktionsrate die Militärs im Westen einige Jahre lang. Foto: via Dipl.Ing. Butkiewicz

probung Ende desselben Jahres. Dabei wurden auch Starts mit Startraketen durchgeführt. Aber noch bevor die Tu-98 ihr Testprogramm beim NII V-VS begann, wurde die Entwicklung auf Wunsch der sowjetischen Luftwaffenführung abgebrochen, denn die Tu-98 entsprach nicht deren Vorstellungen – zudem nahm zwei Jahre später der weitaus vielversprechendere Überschallbomber Tupolew Tu-22 seine Flugerprobung auf. Dennoch bewährten sich die beiden Tu-98 für Propagandazwecke, denn als im Juni 1956 eine Gruppe westlicher Militärarrachès unter der Führung des Generalstabschefs der U. S. Air Force, General Nathan Farragut Twining, die sowjetische Luftwaffenbasis Kubinka besuchte, ließ es sich der 1. Sekretär des Zentralkomitees der KPdSU, Nikita Sergejewitsch Chruschtschow nicht nehmen, die ausländischen Militärs persönlich zu begrüßen und ihnen die neuesten sowjetischen Kampfflugzeuge zu zeigen. Natürlich wurde den Besuchern verschwiegen, dass es sich bei den beiden Tu-98 um Prototypen handelte, die nicht für den Serienbau bestimmt waren, doch Gen. Twining zeigte sich von den beiden Überschallbombern ziemlich beeindruckt und da die russischen Gastgeber nur wenige Informationen preisgaben und sogar die Herstellerfirma verschwiegen, waren den Spekulationen im Westen Tür und Tor geöffnet. Die Tu-98 erhielt nun den ASCC-Code »Backfin« und in den folgenden Jahren mutmaßten verschiedene westliche Luftfahrtzeitschriften, dass es sich bei diesen Flugzeugen um Iljuschin Il-42 oder Jakowlew Jak-42 handeln müsse, von denen 1958 sogar ein monatlicher Produktionsausstoß von 15 Exemplaren angenommen wurde. In diesem Jahr wurde tatsächlich einer der beiden Prototypen wieder reaktiviert und diente als Erprobungsträger für das Feuerleitsystem »Kompleks 80« und die Luft-Luft-Lenkwaffen Biesnovat R-4 bzw. K-80 (AA-5 »Ash«), welche für das Tupolew Tu-128-Programm benötigt wurden. Bei einem dieser Flüge machte der Erprobungsträger eine Bauchlandung, wurde dabei aber nur geringfügig beschädigt.

Tupolew Tu-110

Flugzeugtyp:	Tupolew Tu-110
Verwendungszweck:	Langstrecken-Passagierflugzeug
Besatzung:	5
Antrieb:	vier Ljulka AL-7-Strahltriebwerke mit je 6.670 kg Schubleistung
Spannweite:	37,50 m
Länge:	38,30 m (1. Prototyp); 40,06 m (Tu-110A, B)
Flügelfläche:	182,00 m²
Leergewicht:	44.250 kg
max. Startgewicht:	79.300 kg
Höchstgeschwindigkeit in Bodennähe:	1.000 km/h
Reisegeschwindigkeit:	890 km/h
Gipfelhöhe:	12.000 m
Reichweite:	3.450 km
Startstrecke:	1.600 m
Landestrecke:	1.200 m
Zuladung:	bis zu 100 Passagiere

Um die Exportchancen der Tupolew Tu-104 zu erhöhen, beauftragte der sowjetische Ministerrat das OKB 156 Tupolew am 12. August 1956 mit der Direktive 1511-846, eine vierstrahlige Version für Langstreckenflüge zu entwickeln, um damit auch überseeische Strecken bedienen zu können. Vier Triebwerke sah man als Grundvorraussetzung für die größtmögliche Sicherheit bei Flügen über dem Meer an. Daraufhin wurde Dimitri S. Markow vom OKB 156 mit der Entwicklung dieses Langstrecken-Passagierflugzeuges beauftragt. Er überarbeitete den Entwurf der Tu-104 und erweiterte ihren Antrieb auf vier Ljulka AL-7-Strahltriebwerke mit je 6.670 kg Schubleistung. Um Platz für die beiden zusätzlichen Strahltriebwerke zu haben, wurde die Spannweite um 2,96 m vergrößert. Der Erstflug der als Tupolew Tu-110 bezeichneten Maschine erfolgte am 11. März 1957 und im April 1959 flog der zweite Prototyp mit einem um 1,20 m verlängerten Rumpf, in dem 100 Passagiere der Touristenklasse Platz fanden. Nach dem Abschluß der Flugerprobung wurde ein erster Bauauftrag über zehn Tu-110A erteilt, dieser jedoch nach der dritten Maschine bereits wieder gestoppt, denn die Tu-110A zeigte gegenüber der zweistrahligen Tu-104 kaum bessere Flugleistungen und die entsprechenden Aufgabenbereiche konnten kostengünstiger von der größeren Tu-104B bewältigt werden. Im Westen erhielt die Tu-110 trotz ihrer geringen Produktionszahl den ASCC-Code »Cooker«. Einige Jahre später wurden alle fünf gebauten Tu-110 zur Version Tu-110B mit Solowjew D-20-Triebwerken von 5.400 kg Schubleistung umgerüstet, während die weiteren zivilen Varianten Tu-110D und L sowie die militärische Transportversion Tu-117 nicht verwirklicht wurden.

Neben der Tupolew Tu-110 »Cooker« werden hier auch Tu-16 »Badger« gebaut. Foto: via Dipl.Ing. Jerzy Butkiewicz

Tupolew Tu-114 (Tu-126)

Flugzeugtyp:	Tupolew Tu-114
Verwendungszweck:	Langstrecken-Passagierflugzeug
Besatzung:	5; zweimal 5 (Tu-114D)
Antrieb:	vier Kusnezow NK-12MW-Triebwerke mit je 14.795 WPS
Spannweite:	51,40 m
Länge:	54,10 m
Höhe:	15,50 m
Flügelfläche:	311,10 m²
Leergewicht:	95.000 kg
max. Startgewicht:	179.000 kg (Tu-114)
Höchstgeschwindigkeit in 8.000 m:	870 km/h
Reisegeschwindigkeit in 9.000 m:	770 km/h
Landegeschwindigkeit:	205 km/h
Gipfelhöhe:	12.000 m
Reichweite:	9.720 km (mit 15 t Nutzlast)
Startstrecke:	1.700 m
Landestrecke:	1.550 m
Zuladung:	170 – 224 Passagiere; 120 Passagiere (Tu-114D)

Aufgrund einer Forderung der GVF aus dem Jahr 1953 entwickelte Alexander A. Archangelski ein Langstrecken-Passagierflugzeug, basierend auf dem strategischen Bomber Tupolew Tu-95. Wie schon zuvor bei der Entwicklung des Jetairliners Tu-104 aus dem Strahlbomber Tu-16 wurde auch bei der Tu-114 ein neuer Rumpf entwickelt, während die Tragflächen – abgesehen vom Anschlussstück am Rumpf – und die Triebwerke weitgehend unverändert blieben. Der Prototyp der Tu-114 mit dem Namen »Rossija« flog erstmals am 15. November 1957, wurde zwei Jahre später auf dem Aerosalón in Paris der Weltöffentlichkeit vorgestellt und war dort das größte Flugzeug dieser Luftfahrtausstellung. Als erstes Passagierflugzeug der Welt konnte die Tu-114 in mehreren Kabinenkonfigurationen bis zu 220 Passagiersitze aufnehmen. Die Flugerprobung beim NII dauerte bis Juli 1960, wobei 32 Rekorde aufgestellt wurden. Bei dem Nonstopflug des sowjetischen Ministerpräsidenten Nikita S. Chruschtschow im Oktober 1960 von Moskau nach New York zur UNO reiste er allerdings mit einer Tu-114D (Diplomatnij) bzw. Tu-116, die tatsächlich jedoch eine Tu-95 mit Passagierrumpf war (siehe Seite 98 und Foto auf Seite 101). Für die Linienroute von Moskau

Die Tupolew Tu-114 war eines der größten Flugzeuge ihrer Zeit. Foto: via Dipl.Ing. Jerzy Butkiewicz

Die Tupolew Tu-114D wurde von der Aeroflot auf Langstrecken nach Asien und in die Vereinigten Staaten (Foto) eingesetzt.

nach Havanna auf Kuba erschien als nächste Variante die Tu-114D (Dalnii = Langstrecke), welche anstelle der 71.816 lt. Treibstoff des Vorgängermodells, mehr als 80.000 lt. mitführen konnte. Als Zugeständnis an solch extrem langen Flugstrecken der Tu-114D war eine zweite Besatzung zur Ablösung an Bord und die Anzahl der Sitzplätze war auf 120 reduziert. Auf diese Weise bedienten die Tu-114D ab dem Januar 1963 die 10.900 km lange Strecke von Moskau nach Murmansk und zurück ohne aufzutanken, führten aber auch Linienflüge von der russischen Hauptstadt nach Delhi, Montreal, Tokio und New York durch. Die 31. und letzte Tu-114, die inzwischen den ASCC-Code »Cleat« erhalten hatte, wurde 1965 an die Aeroflot ausgeliefert. In 15 Dienstjahren beförderten die Tu-114 mehr als sechs Millionen Fluggäste und wurden erst zwischen 1971 und 75 von der Iljuschin Il-62 abgelöst.

Als militärische Weiterentwicklung der Tu-114 begannen im Mai 1960 die Arbeiten an einer fliegenden Überwachungs- und Frühwarnplattform (AWACS = Airborne Warning and Control System) mit der Bezeichnung Tupolew Tu-126. Die drehbare Antenne des Dopper-Radars »Liana« (NATO-Code »Flat Jack«) war in einem freistehenden Radom auf dem Rumpfrücken des Flugzeuges untegebracht und hatte einen Durchmesser von 10,50 m. Im Dezember 1961 startete der Prototyp erstmals und die nachfolgende Erprobung dauerte bis zum Herbst 1964 an, wobei sich »Liana« über der offenen See als effizienter erwies, als über Land. Auch wurde festgestellt, dass die Metallpropeller des Flugzeuges die Leistung des Doppler-Radars negativ beeinflussten, weshalb »Liana« gegen Ende der 1970er Jahre von dem neuen Radar »Schmel« (NATO-Code »Bumble Bee«) abgelöst wurde, was aber die meisten Tu-126 nicht mehr betraf[18] Zwischen 1965 und 68 wurden weitere acht Exemplare der Tu-126, die im Westen den Codenamen »Moss« erhalten hatte, fertiggestellt und beim PVO eingesetzt. Die umfangreiche elektronische Ausrüstung an Bord des unbewaffneten Flugzeuges wurde rund um die Uhr abwechselnd von zwei zwölfköpfigen Besatzungen bedient, was in Verbindung mit der Möglichkeit des Betankens durchschnittliche Einsatzflüge von 20

[18] Einzig bei der Tupolew Tu-126 (W.Nr. 618601), im Besitz des OKB Berijew, wurde das „Liana"- gegen das neue „Schmel"-Radar ausgetauscht und die Maschine flog damit bis zu ihrer Außerdienststellung im Jahr 1990. Primär kommt dieses neue Doppler-Radar seit 1984 beim Nachfolger Beriew A-50U „Mainstay" (basierend auf der Iljuschin Il-76) zum Einsatz.

Die Tupolew Tu-126 »Moss« wurde aus dem dem Airliner Tu-114 »Cleat« entwickelt, der wiederum auf dem Bomber Tu-95 »Bear« basierte. Foto: via Dipl.Ing. Jerzy Butkiewicz

Eine Tu-126 »Moss« nahm im Dezember 1971 auf Seiten Indiens »inoffiziell« am zweiten Indisch-pakistanischen Krieg teil. Foto: via Dipl.Ing. Jerzy Butkiewicz

Stunden Dauer ermöglichte. Während des Zweiten Indisch-pakistanischen Krieges reklamierte Pakistan im Dezember 1971 den Einsatz einer Tu-126 mit dem Codenamen »Spider« auf Seiten der Bharatiya Vayu Sena (indischen Luftwaffe), was nach dem Kriegsende von dieser bestitten und wenig glaubhaft als Mikojan-Gurewitsch MiG-21 erklärt wurde, die als Relaisstation zwischen dem Flugkontrollzentrum und tieffliegenden Angriffsflugzeugen diente. Alle Tu-126 – vermutlich ungefähr ein Dutzend – blieben bis zu ihrer Ablöse durch die Beriew A-50U »Mainstay« im Jahr 1984 im Dienst.

Tupolew Tu-22 (Ju, 105)

Als überschallschneller Nachfolger der Tupolew Tu-16 in der Rolle als Bomber und Lenkwaffenträger begannen die Arbeiten am Projekt Ju bzw. 105 im Dezember 1955. Ein Flugzeug dieser Art wurde bereits von der V-VS und der AV-MF gefordert. Die Erfahrungen mit der Tupolew Tu-98 erwiesen sich bei der Entwicklung als sehr wertvoll. Im Bombenschacht sollten Abwurflasten von bis zu 3 t, insgesamt jedoch bis zu 9 t mitgeführt werden können und von einem ferngesteuerten Waffenstand im Heck aus sollten zwei Maschinenkanonen nach hinten wirken. Der Prototyp, angetrieben von zwei Kolesow WD-7M-Strahltriebwerken mit je 16.000 kg Schubleistung wurde im Februar 1958 fertiggestellt und startete am 21. Juni desselben Jahres zu seinem Jungfernflug. Der zweite Prototyp mit der Bezeichnung Flugzeug 105A flog erstmals am 7. September 1959 – kurz davor war Flugzeug 105 bei einem Testflug abgestürzt

Flugzeugtyp:	Tupolew Tu-22B
Verwendungszweck:	Langstrecken-Überschallbomber
Besatzung:	3
Antrieb:	zwei Kolesow WD-7M-Strahltriebwerke mit je 16.000 kg Schub
Spannweite:	23,60 m
Länge:	41,60 m
Höhe:	10,67 m
Flügelfläche:	162,00 m²
Leergewicht:	37.900 kg
max. Startgewicht:	ca. 94.000 kg
Höchstgeschwindigkeit in 12.200 m:	1.480 km/h
Landegeschwindigkeit:	310 km/h
Gipfelhöhe:	13.600 m
Reichweite:	5.800 km
Startstrecke:	2.200 m
Landestrecke:	2.400 m
Bewaffnung:	ein bis zwei 23 mm-MK AM-23; 9 – 12.000 kg Abwurflasten, auch nuklear

Bei der Schulversion Tupolew Tu-22U (im Bild eine UD) saß der Fluglehrer im hinteren, erhöhten Cockpit.

Die letzte Aufklärungsversion Tupolew Tu-22RDM »Blinder-E«stand noch Anfang der 1990er Jahre im Dienst mancher Nachfolgestaaten der ehemaligen Sowjetunion. Foto: via Dipl.Ing. Jerzy Butkiewicz

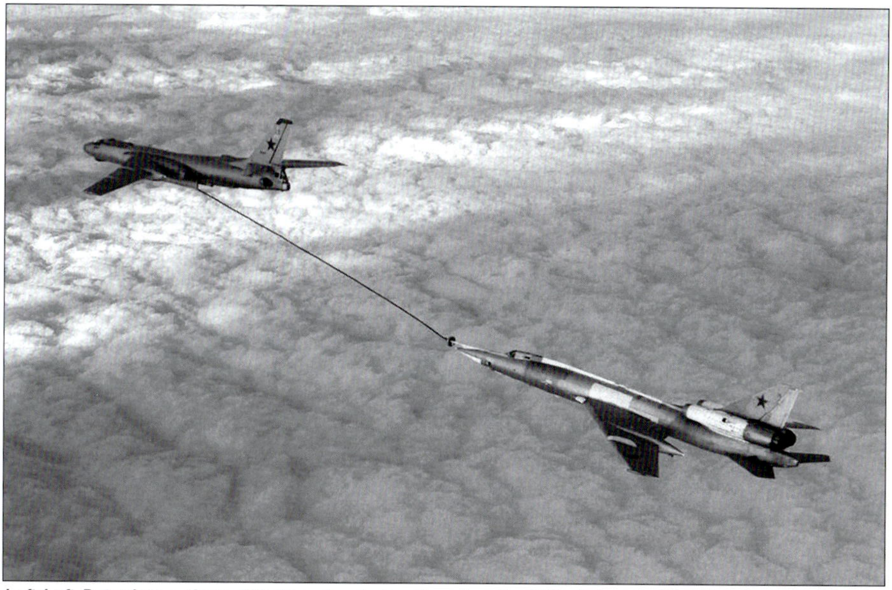

Luft-Luft-Betankung einer »Blinder« durch eine Tupolew Tu-16N. Foto: via Dipl.Ing. Jerzy Butkiewicz

und hatte ihre dreiköpfige Besatzung in den Tod gerissen. Im Mai 1960 begannen die Arbeiten an Flugzeug 106, welches neben kleinen Änderungen an den Abmessungen und weiteren Modifikationen der Elektronik und der Bewaffnung zwei Kusnezow NK-6-Strahltriebwerke mit je 20.000 kg Schubleistung erhalten sollte. Probleme mit diesen Triebwerken beendeten das Projekt jedoch vorzeitig und man entschloss sich zur Produktion von Flugzeug 105A mit den schwächeren WD-7M-Triebwerken. Diese erste Serie von ungefähr einem Dutzend Langstreckenbomber Tu-22 bzw. Tu-22B wurde ab September 1962 an die ADD ausgeliefert und der Typ erhielt nacheinander die ASCC-Codes »Bullshot«, »Beauty« und schließlich »Blinder-A«, bei dem es dann blieb.

Das erste Exemplar der nachfolgenden Hauptvariante, dem Lenkwaffenträger Tu-22K (»Blinder-B«), flog erstmals Anfang 1961 und war für die Mitnahme von drei Luft-Boden-Lenkwaffen des Typs K-22 (AS-4 »Kitchen«) ausgelegt. Jede Tu-22, welche eine Anlage für die Luft-Luft-Betankung eingebaut erhielt, wurde ab die-

Anfang der 1960er Jahre war die Tupolew Tu-22 die Speerspitze der Aviatsija Dalnevo Deistvija. Foto: via Dipl.Ing. Jerzy Butkiewicz

sem Zeitpunkt mit dem zusätzlichen Buchstaben »D« (»Dorabotannji« = in etwa: »verbessert«) gekennzeichnet. So konnte nun auch die Tu-22KD von Tu-16N in der Luft betankt werden, hatte inzwischen die letzte Version des »Rubin«-Radars eingebaut erhalten und trat Ende 1964 zur AV-MF. Auch wurde diese Version auf Kolesow WD-7M-2-Triebwerke, nun als RD-7M-2 bezeichnet, umgerüstet.
In Afghanistan wurden 25 Tu-22KD eingesetzt und sieben Tu-22B und K wurden mit einem Wüsten-Tarnanstrich versehen und in den 1970er Jahren an die Al Quwwat al Jawwiya al Libiyya verkauft, von denen 1989 noch alle im Dienst standen. Im Jahr 1973 erhielt auch der Irak neun »Blinder«, die von 1980-88 im Konflikt mit dem Iran eingesetzt wurden und von denen im Jahr 1989 noch sieben Exemplare in den Bestandslisten aufschienen.
Von der Tu-22P (Postanowschik) einem Leitflugzeug für Lenkwaffen wurden nur wenige Exemplare gebaut, diese jedoch ebenfalls alle auf die RD-7M-2-Triebwerke umgerüstet sowie mit einer Luft-Luft-Betankungsanlage versehen und danach als Tu-22PD bezeichnet.
Ungefähr 60 Tu-22R, welche in ihrem Bombenschacht bis zu sieben AFA-Kameras mitführten, erhielt die AV-MF und diese wurden ab 1979 mit Infrarotlinsen und einem »Kub-4« Seitensichradar sowie einer Luft-Luft-Betankungsanlage zu Tu-22RDK (»Blinder-C«) modifiziert.
Als Schulungsvariante erhielt die ansonsten weitgehend unveränderte Tu-22U ein zweites, erhöhtes Cockpit für den Fluglehrer und im Westen die Bezeichnung »Blinder-D«. Als Tu-22UD war sie auch mit einer Tanksonde versehen.
Ungefähr neun Tu-22 wurden im Laufe der Zeit als Versuchsflugzeuge für Flugkontroll- und Navigationssysteme sowie im Bereich von Überschall- und Langstreckenflügen eingesetzt.
Als ein Ergebnis der atomaren Abrüstungsgespräche in den 1980er Jahren (SALT und START) wurden alle Tu-22 als Nuklearwaffenträger abgerüstet, indem man Teile der Ausrüstung ausbaute und ihre Reichweite verringerte. Es war auch möglich, die »Blinder« binnen weniger Stunden von einem einem konventionellen Bomer zu einem Aufklärer umzurüsten – und umgekehrt. Beginnend Anfang der 1980er Jahre und verstärkt nach der »Wende«, wurden auch eine Reihe von Tu-22K zu Tu-22RM und RDM (»Blinder-E«) für elektronische Aufklärung und Kriegsführung umgebaut und dienten seither in den Nachfolgestaaten der ehemaligen Sowjetunion, wo Ende 1992 noch ungefähr 20 dieser Flugzeuge im Dienst standen.

Tupolew Tu-124

Eine Forderung der Aeroflot im Jahr 1957 nach einem Nachfolger für das veraltete Kurzstreckenflugzeug Iljuschin Il-14 führte beim Entwicklungsteam von Dimitri S. Markow des OKB 156 Tupolew zur Idee einer verkleinerten Version der Tupolew Tu-104. Der Prototyp hob erstmals am 24. März 1960 ab und im folgenden Jahr begann die Serienfertigung der Tu-124 mit 44 Sitzplätzen bei der GAZ-135 in Kharkow. Ab dem Oktober 1962 wurde der Liniendienst der Aeroflot zwischen Moskau und Tallinn von Tu-124 übernommen. Als nächste Serienversion erschien die 56sitzige Tu-124V, von welcher ungefähr einhundert Exemplare hergestellt wurden sowie weitere mehr als zwanzig Tu-124K (Konvertibelnji = umgerüstet), einer Passagier- und Frachtversion. Erste Kunden waren die Interflug mit zwei Tu-124K2 und die Ceskoslovenské Aerolinie, welche drei Tu-124V beschaffte. Einige Tu-124 erhielten eine VIP-Ausstattung und auch die Iraqi Airways orderten zwei Tu-124V, die später als Transportflugzeuge zur Al Quwwat al Jawwiya al Iraqiya kamen, sowie die LSK/LV, die indische und die chinesische Luftwaffe. Die letzte Version war die Tu-124Sch (Schturmanski = Navigator), ein Navigationstrainer für die Tupolew Tu-128, welcher ebenso wie alle anderen Tu-124 den ASCC-Code »Cookpot« erhielt.

Flugzeugtyp:	Tupolew Tu-124
Verwendungszweck:	Kurz- und Mittelstrecken-Passagierflugzeug
Besatzung:	3
Antrieb:	zwei Solowjew D-20P-Strahltriebwerke mit je 5.400 kg Schub
Spannweite:	25,55 m
Länge:	30,58 m
Höhe:	8,08 m
Flügelfläche:	105,35 m²
Leergewicht:	23.160 kg
max. Startgewicht:	37.600 kg
Höchstgeschwindigkeit in 8.000 m:	970 km/h
Reisegeschwindigkeit:	750 – 850 km/h
Landegeschwindigkeit:	190 km/h
Gipfelhöhe:	11.700 m
Steiggeschwindigkeit:	12 m/sec.
Reichweite:	1.500 km (mit max. Zuladung); 2.200 km (max.)
Startstrecke:	1.200 m
Landestrecke:	900 m
Zuladung:	bis zu 6.000 kg oder 44 – 56 Passagiere

Ende des Jahres 1973 erwarb die Iraqi Airways zwei Tupolew Tu-124V, die später an die Luftwaffe des Landes abgegeben wurden.

Tupolew Tu-128 (28-80, Typ 28, Tu-28-80)

Flugzeugtyp:	Tupolew Tu-128M
Verwendungszweck:	Abfangjäger
Besatzung:	2
Antrieb:	zwei Ljulka AL-7F-2-Strahltriebwerke mit je 10.100 kg Schub
Spannweite:	17,67 m
Länge:	30,49 m
Flügelfläche:	96,94 m²
Leergewicht:	25.960 kg
max. Startgewicht:	43.000 kg
Höchstgeschwindigkeit in Bodennähe:	1.910 km/h
in 11.000 m:	2.085 km/h
Reisegeschwindigkeit:	1.665 km/h
Gipfelhöhe:	15.600 – 20.000 m
Reichweite:	2.565 km
Startstrecke:	1.350 m
Landestrecke:	1.050 m
Bewaffnung:	zwei radargesteuerte Luft-Luft-Lenkwaffen Biesnovat R-4RM; zwei infrarotgesteuerte Luft-Luft-Lenkwaffen Biesnovat R-4TM

Ende der 1950er Jahre beherrschte eine Kontroverse betreffend der Abwehr strategischer Bomber die sowjetische Regierung. Die meisten politischen Führer präferierten Boden-Luft-Raketen, doch stellte die amerikanische Boeing B-52 »Stratofortress« in den Augen der Sowjets eine solch große Bedrohung dar, dass man darauf auch mit entsprechend leistungsfähigen bemannten Jagdflugzeugen reagieren musste. Die nun immer anspruchsvoller werdenden Forderungen des IA-PVO (Jagdfliegerabteilung des Luftverteidigungskommandos) ließen die Jakowlew Jak-25 zur Verteidigung des sowjetischen Luftraumes schnell als überholt erscheinen. Als sich im Jahr 1958 auch herausstellte, dass die überschallschnelle Lawotschkin La-250 ein Fehlschlag werden würde (ihre Entwicklung wurde im folgenden Jahr eingestellt), wurde ein

Ab dem Frühjahr 1965 kamen die erste Version Tupolew Tu-128S-4 zur Auslieferung an die V-VS. Foto: via Dipl.Ing. Jerzy Butkiewicz

Die Bewaffnung der »Fiddler« (im Bild eine Tu-128S-4) bestand aus zwei infrarot- und zwei radargesteuerten Biesnowat R-4- bzw. K-80-Luft-Luft-Lenkwaffen.

neues Abfangjagdflugzeug dringend notwendig, welches sowohl der Bedrohung durch amerikanische Trägerflugzeuge vom Polarmeer aus als auch Marschflugkörpern wie der SM-62 »Snark« und AGM-28 »Hound Dog« – von denen angenommen wurde, dass sie in 21.000 m Höhe mit Mach 2 flogen – erfolgreich entgegentreten konnte. Dieser neue Abfangjäger, der in seiner Größe, Form, Gewicht und Leistung ungefähr der Tu-98 entsprechen sollte, sollte auch in der Lage sein, zweistündige Begleitschutzmissionen durchzuführen. Nachdem das OKB 156 mit der Entwicklung dieses Hochleistungsjagdflugzeuges beauftragt worden war, übernahm Andrej N. Tupolew persönlich die Arbeiten an der Aerodynamik des anfangs als 28-80 und später als Typ 28 bzw. Tu-28-80 bezeichneten Projekts. Die Zahl »80« bei diesen Bezeichnungen wies auf das Lenksystem Kompleks 80 der Biesnowat K-80 (AA-5 »Ash«) Luft-Luft-Lenkwaffe hin. Von dieser Lenkwaffe gab es eine radar- (K-80R) und eine infrarotgesteuerte (K-80T) Version. Die Tupolew Tu-28 besaß keine Kanonenbewaffnung und keinen Waffenschacht im Rumpf sondern führte ihre Lenkwaffen anfangs an zwei Pylons unter ihren 90° gepfeilten Tragflächen mit. Das Flugzeug erhielt ein RP-5-Radar als Teil des »Smerch« (»Tornado«)-Feuerleitsystems und ihr Fahrwerk basierte auf jenem der Tu-98. Ursprünglich war geplant, die Tu-28 von WD-19-Strahltriebwerken mit je 10.200 kg Schubleistung antreiben zu lassen, welche eine im Durchmesser reduzierte Variante der Kolesow WD-7 Düsentriebwerke waren, jedoch verzögerte sich die Fetigstellung der WD-19 immer wieder, so dass schließlich zwei Ljulka AL-7F-Strahltriebwerke mit je 9.000 kg Schubleistung in den Prototyp 28-80 eingebaut wurden. Der Jungfernflug der 28-80 erfolgte am 18. März 1961 und das Muster wurde viereinhalb Monate später beim »Tag der Luftfahrt« in Tuschino der Öffentlichkeit vorgestellt, worauf das Flugzeug im Westen den ASCC-Code »Fiddler-A« erhielt. Bei der nachfolgenden Erprobung beim NII V-VS bemängelten die Testpiloten Unzulänglichkeiten bei der Stabilität des

Flugzeuges im Unterschallbreich sowie das Fehlen einer Rohrbewaffnung, da die Tu-28 ja nur zwei Luft-Luft-Lenkwaffen mitführen konnte. Aber auch die verwendeten Biesnowat K-80- bzw. R-4-Lenkwaffen funktionierten noch nicht fehlerfrei. Während der weiteren Erprobung gelang im September 1962 erstmals der erfolgreiche Einsatz einer R-4RM gegen eine ferngesteuerte, 30 km entfernte Iljuschin Il-28-Drohne. Unüblicherweise wurde das Testprogramm der Tu-28 beim NII im Juli 1964 durch ein Dekret des NKOP (Narodnii Kommissariat Oboronoj Promischlenosti = Nationales Kommissariat für Verteidigungsindustrie) beendet und die Serienfertigung bei der GAZ-64 in Woronesch angeordnet. Auf Wunsch des NKOP erhielt das Flugzeug auch nicht den von der V-VS gewählten Namen Tu-28, sondern offiziell die Werksbezeichnung Tu-128S-4. Am 30. April 1965 wurden die ersten Tu-128S-4, deren Raketenbewaffnung sich inzwischen mit je zwei infrarot- und zwei radargesteuerte K-80-Lenkwaffen verdoppelt hatte, an die V-VS ausgeliefert. Auf Basis der Tu-128S-4 erschien 1966 als nächste Version das Schulflugzeug Tu-128UT mit einem zweiten Cockpit für den Fluglehrer, von der noch im selben Jahr eine kleine Serie gebaut wurde. Das Navigatortraining für die Tu-128 wurde hingegen weiterhin mit der Tupolew Tu-124Sch durchgeführt. Die nachfolgende Tu-128Tsch verfügte neben modifizierten Triebwerken über ein verbessertes »Smerch«-Radar sowie über ein Langstrecken-Navigationsgerät »Tschaika« und ihre vier K-80-Lenkwaffen hatten nun eine gesteigerte Reichweite von ungefähr 40 km. Die Tu-128A (»Fiddler-B«) erhielt nochmals verbesserte Ljulka AL-7F-2-Strahltriebwerke mit je 10.100 kg Schubleistung und das neue »Smerch-A«-Radar. Am 15. Oktober 1970 flog erstmals die Tu-128M mit dem »Smerch-M«-Radar, welche je zwei R-4RM- und R-4TM-Lenkwaffen mitführte. Die Tu-128M, im Westen auch als Tu-128P bezeichnet, wurde 1974 beim NII V-VS erprobt und ab 1979 bei den ersten Staffeln des PVO in Dienst gestellt, wo sie bis 1988 im Einsatz blieben. In diesen Jahren wurden auch einige ältere Maschinen zu Tu-128B-Bombern mit Kolesow WD-19-Triebwerken und einer Zuladung von 4,5 t umgebaut. Von einer Weiterentwicklung dieser Bomberversion wurde aber zugunsten der neuen Suchoi Su-24 abgesehen. Die letzte von mehr als 120 gebauten Tu-128 wurde schließlich 1990 außer Dienst gestellt.

Die Tupolew Tu-128 »Fiddler« entstand primär als Antwort auf die Bedohung durch amerikanische Marschflugkörper und die Boeing B-52 »Stratofortress«.

Beim Schulflugzeug Tupolew Tu-128UT wurde für den Fluglehrer ein zweites Cockpit eingebaut. Foto: via Dipl.Ing. Jerzy Butkiewicz

Tupolew Tu-134 (Tu-124A)

Flugzeugtyp:	Tupolew Tu-134A
Verwendungszweck:	Kurz- und Mittelstrecken-Passagierflugzeug
Besatzung:	3
Antrieb:	zwei Solowjew D-30-2-Strahltriebwerke mit je 6.800 kg Schub
Spannweite:	29,01 m
Länge:	37,05 m
Höhe:	9,14 m
Flügelfläche:	127,30 m²
Leergewicht:	29.050 kg
max. Startgewicht:	47.000 kg
Höchstgeschwindigkeit in Bodennähe:	900 km/h
Reisegeschwindigkeit:	750 – 850 km/h
Landegeschwsindigkeit:	240 km/h
Gipfelhöhe:	11.890 m
Steigleistung:	14,5 m/sec.
Reichweite:	bis zu 2.000 km
Startstrecke:	1.200 – 2.000 m
Landestrecke:	1.600 m
Zuladung:	8.200 kg bzw. 80 – 86 Passagiere

Anfang des Jahres 1960 besuchte der sowjetische Ministerpräsident Nikita S. Chruschtschow Frankreich. Dabei reiste er mit einer Tupolew Tu-104 an und besuchte in diesen Tagen auch verschiedene Städte seines Gastgeberlandes. Dabei flog er jedoch mit einer der neuen Sud Aviation S.A.210 »Caravelle«, die seit dem Vorjahr im Dienst stand. Obwohl die Tu-104 ihre Qualitäten hatte, war sie kein leises Flugzeug – weder für ihre Passagiere noch für die Flugplätze die sie anflog. Die »Caravelle« hingegen hatte als erster Airliner in der Geschichte ihre beiden Triebwerke im Heck des Rumpfes angeordnet und dadurch verringerte sich deren Lautstärke für die Fluggäste auf ein erträgliches Maß, was Chruschtschow sehr beeindruckte. Nach seiner Rückkehr forderte er von Andrej N. Tupolew ein neues Passagierflugzeug mit einem ähnlichen Layout wie es die »Caravelle« hatte. Zu dieser Zeit hatte die Tu-124, welche zur gleichen Größenklasse zählte wie der französische Airliner, ihren Jungfernflug erfolgreich absolviert und in Kharkow wurde die Serienfertigung vorbereitet. Dimitri S. Markow, der schon die Tu-104, die größere Tu-110 und die kleinere Tu-124 entworfen hatte, wurde mit der Entwicklung dieses neuen Mittelstrecken-Passagierflugzeuges betraut. Dieser nahm den Rumpf der Tu-124 als Ausgangspunkt für seine Planung, welche anfangs die Werksbezeichnung Tu-124A erhielt. Das Ziel war ein Mittselstrecken-Passagierflugzeug für vier Besatzungsmitglieder und 40 Passagiere, welches eine Zula-

Diese einzige angolanische Regierungsmaschine Tupolew Tu-134A besuchte im April 1984 den Flughafen Paris-Orly.

Knapp 30 Tupolew Tu-134UBL dienten bei der V-VS zur Pilotenschulung für den Überschallbomber Tupolew Tu-160. Foto: via Detlef Billig

dung von 5 t bei einer Reisegschwindgikeit von 800 – 900 km/h über 1.500 km transportieren sollte. Anfang April 1960 waren die Planungsarbeiten abgeschlossen, wobei verstärkt auf ökonomische Effizienz Wert gelegt wurde. Daher stieg die Anzahl der Sitzplätze auf 46 bzw. 56 Sitze in einer einzigen Economy-Klasse. Pawel Alexandrowitsch Solowjew hatte inzwischen das von ihm entwickelte Strahltriebwerk, welches in der Tu-110B zum Einsatz kam, auf die neueste Version D-20P-125 mit 5.800 kg Schubleistung weiterentwickelt und dieses wurde nun für das geplante Passagierflugzeug vorgesehen. Der Jungfernflug des ersten der beiden aus Geheimhaltungsgründen immer noch als Tu-124A bezeichneten Prototypen erfolgte am 29. Juli 1963 – danach begann die Flugerprobung. Als größtes Problem bei der Erprobung der Tu-124A, die als erster sowjetischer Jetairliner ein T-Leitwerk hatte, stellte sich der als »deep stall«[19] bezeichnete Strömungsabriß heraus, welcher am 22. Oktober 1963 zum Verlust des ersten Prototyps führte. Das gleiche Problem mit ebenfalls einem Absturz im selben Jahr hatte auch das britische Konkurrenzmuster BAC 1-11. Studien im Windkanal beim TsAGI führten zur Lösung des Problems, bei der die Fläche aller waagerecheten Leitwerkteile um 30% vergrößert wurde. Danach wurde die Erprobung mit dem zweiten Prototyp fortgesetzt, während für Erprobungszwecke vier weitere Maschinen gebaut

[19] Als »deep stall« (»tiefer Abriss«) bzw. als »super stall« bezeichnet man jenen kritischen Flugzustand eines Flugzeuges mit T-Leitwerk, bei dem bei gleichzeitigem Strömungsabriss (»stall«) sich die Luft an den Flächen des Höhenruders nicht mehr genügend stark anlegt (da sich diese nun im Windschatten des Tragflächen befinden) und somit keine Wirkung erzeugt. Dies führt normalerweise zum Kontrollverlust und oftmals auch aus großen Höhen zum Absturz, da das Höhenruder im Windschatten bleibt und nichts mehr zur Änderung der Fluglage beitragen kann. Um dieses Problem zu lösen, von dem alle frühen Flugzeuge mit T-Leitwerk betroffen waren bei denen das Höhenruder oberhalb des Seitenruders lag, wurde ein »stick-pusher« eingeführt, der die Steuersäule automatisch nach vorne drückt, wenn der Anstellwinkel (Schräglage) des Flugzeugs einen gewissen Grenzwert erreicht und dadurch den Strömungsabriss des Höhenruders verhindert.

Eine Tupolew Tu-134 der Aeroflot, aufgenommen im Jahr 1976. Foto: via Dipl.Ing. Jerzy Butkiewicz

wurden. Erst nach dem hundertsten Testflug der zweiten Tu-124A am 29. September 1964 wurde die Bezeichnung des Flugzeugs offiziell in Tupolew Tu-134-2 (ASCC-Code »Crusty«) geändert. Am 6. November 1964 war die Erprobung, beim NII abgeschlossen und im folgenden Jahr wurde das neue Strahltriebwerk Solowjew D-30 mit 6.800 kg Schubleistung einsatzreif und sofort für die Serienfertigung der Tu-134 vorgesehen. Das neue Triebwerk erlaubte ein Zuladung von bis zu 72 Passagieren und wurde am 21. Juli 1966 erstmals geflogen. Am 14. Januar davor war auch der zweite Prototyp aufgrund eines Pilotenfehlers abgestürzt, wobei die acht Personen an Bord ums Leben kamen. Dies beeinflusste jedoch die inzwischen angelaufene Produkltion der Tu-134 nicht. Um den Besatzungen zu ermöglichen, praktische Erfahrung Erfahrung mit dem neuen Flugzeugtyp zu sammeln, führten die ersten Tu-134 ungefähr ein Jahr lang nur Frachtflüge durch, bis am 3. September 1967 die erste Tu-134 der Aeroflot mit Passagieren von Moskau nach Sotschi am Schwarzen Meer startete. Zwei Jahre später wurden alle Triebwerke der Tu-134 mit einem »constant-speed drive« von English Electric nachgerüstet und waren damit die ersten russischen Linienflugzeuge mit solch einem Tempomat. Bis zum Umstieg der Serienfertigung auf die nachfolgende Tu-134A im Jahr 1970 wurden bei der ersten Produktionsvariante noch weitere Modifikationen eingebaut, wie z.B. elektrische Starter für die Triebwerke und Klimanlagen für die Kabinen. Die Tu-134A mit ihrem um 2,10 m verlängerten Rumpf bot bis zu 86 Fluggästen Platz und war die erste Version dieses Airliners, die für den Export frei gegeben wurde. Käufer waren die CSA, Interflug, Malev, Balkan Bulgarian, LOT und Aviogenex. Alle bisherigen Tu-134 verfügten über einen verglasten Navigatorplatz im Bug. Ab der dritten Maschine für die jugoslawische Aviogenex im Jahr 1971 fiel diese Verglasung nun weg und machte einer Radarnase für das »Groza« (»Sturm«)-Wetterradar Platz. Mitte der 1970er Jahre waren alle

Tu-134 mit der für den internationalen Flugverkehr erforderlichen Ausrüstung versehen, so dass sie von der ICAO (International Civil Aviation Organisation) akzeptiert wurden. Im Jahr 1980 wurde die Serienfertigung der Tu-134A beendet mit der Tu-134B fortgesetzt. Die neue Version erhielt neben einigen anderen Verbesserungen auch ein moderneres Cockpit und konnte als Version 134B-1 mit 80 bzw. 90 Sitzplätzen oder als 134B-3 mit 96 Sitzen ausgerüstet werden. Insgesamt wurden inklusive von knapp 30 Unterversionen, die zumeist Einzelstücke blieben, 853 Tu-134 aller Varianten gebaut und neben der Aeroflot von einer Reihe weiterer Fluglinien, Regierungen und Luftwaffen (z.B. in Angola, Irak, Kambodscha, Moçambique, Nordkorea, Syrien, Vietnam) geordert. Allein die osteuropäischen Fluglinien bestellten mehr als 100 Maschinen verschiedener Versionen. Insgesamt transportierten diese Airliner mehr als 360 Millionen Passagiere. Die ersen Tu-134 wurden ab 1988 bei der Aeroflot außer Dienst gestellt und das öffnete den Weg für diverse Umbauten, wie die Tu-134UBL, von der mehr als 27 Exemplare mit einem Bombenradar ausgerüstet wurden und danach bei der V-VS als Pilotentrainer für den Überschallbomber Tupolew Tu-160 dienten. Die Tu-134BSch hingegen war mit Pylons unter den Tragflächen versehen und mit ihr wurden in mehreren Kabinen die Navigatoren/Bombenschützen der Tu-160 geschult. Mehr als 100 Tu-134 kamen als Transportflugzeuge zur V-VS, während zwölf Tu-134SKh mit zahlreichen Sensoren, Kameras und Scannern ausgerüstet waren und elf davon beim sowjetischen Landwirtschaftsministerium zum Auffinden von Umweltverschmutzung ebenso wie zur Eispatrouille und Katastrophenüberwachung im Einsatz standen. Die Tu-134LL waren als »Fliegende Labors« Testflugzeuge für das TsAGI.

Ab 1975 reiste auch die ungarische Regeirung mit zwei Tupolew Tu-134A, die später jedoch an die Fluglinie des Landes abgegeben wurden.

Tupolew Tu-154 (162, Tu-155)

Flugzeugtyp:	Tupolew Tu-154
Verwendungszweck:	Mittelstrecken-Passagierflugzeug, Transportflugzeug
Besatzung:	3 – 4
Antrieb:	drei Kusnezow NK-8-2-Strahltriebwerke mit je 9.500 kg Schubleistung (Tu-154A, B, S); drei Solowjew D-30KU-154-Strahltriebwerke mit je 10.800 kg Schubleistung (Tu-154M)
Spannweite:	37,55 m
Länge:	47,90 m
Höhe:	11,40 m
Flügelfläche:	201,45 m²
Leergewicht:	50.775 kg bis 55.300 kg*
max. Startgewicht:	94.000 kg bis 100.000 kg*
Reisegeschwindigkeit:	900 km/h
Gipfelhöhe:	11.900 m
Reichweite:	2.750 km bis 3.900 km*
Startstrecke:	2.200 m bis 2.500 m*
Zuladung:	18.000 kg bzw. 164 – 180 Passagiere

** je nach Version*

Im Jahr 1964 forderte die GVF ein neues Passagierflugzeug als Ersatz für die in die Jahre gekommenen Antonow An-10, Iljuschin Il-18 und Tupolew Tu-104, wobei großen Wert auf eine möglichst hohe Reisegeschwindigkeit gelegt wurde ohne die Start- und Landebahnen zahlreicher Flugplätze wegen des neuen Airliners erweitern zu müssen. Weiters sollte das geforderte Flugzeug mit reduzierter Zuladung eine Reichweite von 6.000 km haben. Als Ausgangspunkt der Entwicklungsarbeiten unter Sergej Michailowitsch Jeger diente eine vergrößerte Tu-134 mit einem dritten Triebwerk und am 3. Oktober 1968 hob der Prototyp der Tupolew Tu-154, angetrieben von drei Kusnezow NK-8-2-Strahltriebwerken mit je 9.500 kg Schubleistung, erstmals ab. Im Jahr 1970 wurde Dimitri S. Markow Chefkonstrukteur des OKB Tupolew und übernahm die weiteren Entwicklungsarbeiten an der Tu-154. Nach dem Ende der der Erprobungsphase wurde Mitte des Jahres 1970 die Serienfertigung der Tu-154 authorisiert und die ersten Maschinen im August desselben Jahres bei der Aeroflot in Dienst gestellt, wo sie bis zum folgenden Jahr zur Eingewöhnung ihrer Besatzungen Frachtflüge durchführten. Als erste Fluggäste transportierten die Tu-154 ab Juli 1971 in unregelmäßigen Abständen Minenarbeiter von Moskau nach Tbilisi und ab dem 9. Februar des folgenden Jahres wurde dann von dem im Westen als »Careless« bezeichneten Airliner der Passagier-Liniendienst nach Prag aufgenommen. Zwei Jahre später erschien als erste Variante

Diese Tupolew Tu-154 der Balkan Airlines zeigt ihren Schubumkehrmechanismus.

Die nordkoreanische Fluglinie Air Koryo hatte vier Tu-154B in ihrem Flugzeugpark.

Die Serienfertigung der Tupolew Tu-154 begann 1970 und endete 1992, nach knapp 1.000 gebauten Flugzeugen. Foto: via Dipl.Ing. Jerzy Butkiewicz

die Tu-154A mit westlicher Leit- und Navigationsausrüstung sowie einer Kabine für 168 Fluggäste. Die nachfolgenden beiden Tu-154B-1 und B-2 aus dem Jahr 1980 erhielten ein neues Radar, eine geänderte Treibstoffanlage und einige andere Modifikationen zur Verbesserung des Rollverhaltens bei Seitenwind. Eine weitere Variante war der VIP-Transporter Tu-154B-2 Salon. Die Version Tu-154S (Tu-154C) aus dem Jahr 1982 verfügte auf der linken Seite über eine 2,80 x 1,87 m große Frachttür. Basierend auf der Tu-154B-2 entstand unter der Bezeichnung 164 eine weitere Version, die zur Standardvariante werden sollte: die Tu-154M, welche 1984 erstmals vom Band rollte und deren Solowjew D-30KU-154-Triebwerke über den gleichen muschelförmigen Schubumkehrmechanismus verfügten, wie die Iljuschin Il-62. Zwei Abwandlungen dieser letztgenannten Version dienten unter der Bezeichnung Tu-154M-LK-1 als Regierungsflugzeuge und die LL-154 schließlich war ein Trainingslaboratorium für Kosmonauten. Nach Auslieferung von insgesamt 996 Tu-154 aller Varianten in 17 Staaten wurde die Produktion im Jahr 1992 eingestellt. Die Ölkrise Ende der 1970er Jahre führte dazu, eine Tu-154 der Serienfertigung zu einem Forschungsflugzeug für alternative Treibstoffe, wie Flüssiggas und Wasserstoff umzubauen, wobei das dafür entwickelte Triebwerk Kusnezow NK-88 auf dem konventionellen NK-8-Strahltriebwerk basierte. Der erste Flug dieser nun als Tu-155 bezeichneten Maschine mit einem einzigen NK-88-Triebwerk auf der Oberseite des Hecks, erfolgte am 18. April 1988 und im Rahmen der folgenden Erprobung besuchte die Tu-155 zwischen 1989 und 1991 auch einige westliche Luftfahrtausstellungen. Die Ergebnisse der Tests mit den alternativen Treibstoffen sollte in der Produktion der Tu-156 verwirklicht werden, die wiederum auf der Tu-154B basierte. Finanzielle Probleme beendeten jedoch die weiteren Versuche und es ist nicht sicher, ob das Programm weitergeführt wird.

Tupolew Tu-144 (Typ 101)

Flugzeugtyp:	Tupolew Tu-144
Verwendungszweck:	Überschall-Passagierflugzeug
Besatzung:	4
Antrieb:	4 Kusnezow NK-144A-Strahltriebwerke mit je 20.000 kg Schub
Spannweite:	28,80 m
Länge:	65,70 m
Höhe:	12,50 m
Flügelfläche:	507,00 m²
Leergewicht:	95.000 kg
max. Startgewicht:	180.000 kg
Höchstgeschwindigkeit in Bodennähe:	2.500 km/h
Reisegeschwindigkeit:	2.100 km/h
Startgeschwindigkeit:	348 km/h
Landegeschwindigkeit:	305 km/h
max. Reiseflughöhe:	18.000 m
Reichweite:	6.440 km
Startstrecke:	1.980 m
Landestrecke:	1.490 m
Zuladung:	15.000 kg bzw. 140 Passagiere

Anfang der 1960er Jahre sah man in den Industrienationen Flugreisen mit Überschallflugzeugen als bestes Mittel an, lange Flugzeiten deutlich zu verkürzen und auch die durch Langstreckenflüge entstehende Müdigkeit, dem »Jetlag«, entgegenzuwirken. Gegenargumente gegen überschallschnelle Airliner waren hauptsächlich ökonomischer Natur, verhinderten seinerzeit aber weder das sowjetische noch das französisch-britische Projekt, denn im November 1962 unterzeichneten Frankreich und Großbritannien einen Vertrag zur gemeinsamen Entwicklung eines SST (supersonic transport) Flugzeuges, der »Concorde«. Anfang des folgenden Jahres wurde das OKB 156 Tupolew ebenfalls mit der Entwicklung eines sowjetischen SST betraut und der bereits 75-jährige Andrej N. Tupolew behielt zwar die Oberaufsicht, übertrug diese Entwicklungsaufgabe jedoch seinem Sohn Aleksei A. Tupolew, der seit 1954 im Werk seines Vaters arbeitete und

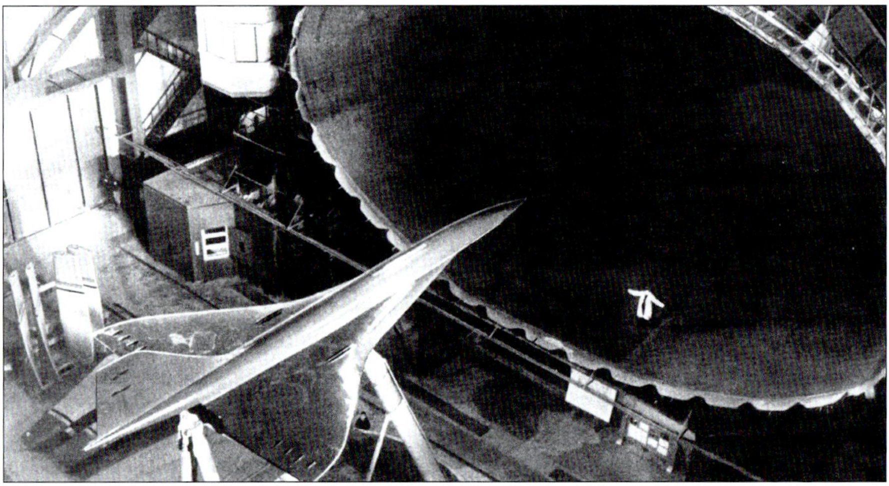

Die Form der Tupolew Tu-144 entstand bei zahlreichen Versuchen im Windkanal des TsAGI mit verschiedenen Modellen.

Beim Aerosalón 1973 in Le Bourget startet die Tu-144 SSSR-77102 zur Freude aller Fotografen. Wenige Tage später sollte sie bei derselben Luftfahrtmesse ein tragisches Ende finden. Foto: Harold Thiele

nun zum Chefdesigner dieses Projektes wurde. Die Form des künftigen SST nahm während der Windkanalversuche verschiedener Modelle beim TsAGI langsam Gestalt an und erreichte schließlich Luftwiderstandswerte, die um ca. 50% besser waren als bei den zeigenössischen Militärflugzeugen. Da das SST-Projekt ein Prestigeobjekt der Sowjetunion war, scheute man keine Kosten und zeitweise arbeiteten mehr als 1.000 Personen daran. Im Juni 1965 wurde erstmals ein Modell des zukünftigen SST mit der Bezeichnung Tupolew Tu-144 beim Aerosalón in Le Bourget bei Paris der Öffentlichkeit vorgestellt und ab diesem Zeitpunkt kamen im Westen der jahrelang nicht mehr zu entkräftende Verdacht auf, dass die Tu-144 eine Kopie der Sud Aviation/BAC »Concorde« sei und das russische Flugzeug wurde deshalb in der westlichen Welt auch spöttisch als »Concordski« bezeichnet. Abgesehen von der, auf Windkanalergebnissen basierenden ähnlichen äußeren Erscheinung der beiden SST waren die Unterschiede bei genauerer Betrachtung jedoch groß und die Vermutung einer Kopie wurde inzwischen auch im Westen verworfen. Zur Flugerprobung von zwei unterschiedlichen Tragflächenformen für die Tu-144 wurden zwei Mikojan-Gurewitsch MiG-21S der Serienfertigung zu Versuchsmustern MiG-21I, auch als »Analog« bzw. A-144 bezeichnet, umgebaut (siehe »Typenkompass MiG«). Im Sommer 1968 war der Prototyp der Tu-144, angetrieben von vier Kusnezow NK-144-Strahltriebwerken mit je 17.500 kg Schubleistung, fertiggestellt und die sowjetische Regierung drängte darauf, dass ihr Prestigeobjekt möglichst noch vor der »Concorde« flog – auch deshalb, weil man beim Aerosalón 1965 vollmundig angekündigt hatte, dass die Tu-144 in drei Jahren fliegen werde. Am 15. Dezember 1968 war der bei der GAZ-156 in Moskau gebaute Prototyp mit der Registration SSSR-68001 startbereit, jedoch spielte

Am letzten Tag des Jahres 1965, nur wenige Stunden vor Ablauf der selbstgesetzten Frist, startet der Prototyp der Tu-144 in Begleitung einer MiG-21 zu ihrem Jungfernflug. Foto: via Dipl.Ing. Jerzy Butkiewicz

das Wetter nicht mit und verhinderte einen Start. Nun folgten 16 Tage an den Nerven zerrenden Wartens auf eine Wetterbesserung. Am 31. Dezember – nur wenige Stunden vor dem Ablauf des im Jahr 1965 so selbstsicher angekündigten Flugtermins – hatte der Wettergott ein Einsehen und die Tu-144 startete in Begleitung einer MiG-21 zu ihrem Jungfernflug, dem ersten Flug eines SST in der Luftfahrtgeschichte. Während man den ersten Prototyp im Flug erprobte, wurden vier weitere Tu-144 für statische Tests fertiggestellt. Zwei Maschinen wurden dem TsAGI überstellt, ein Prototyp ging zur Temperatur-Erprobung zum NII nach Novosibirsk und die vierte Tu-144 kam für Tests betreffend die Materialermüdung zur Zhukovskaja Letnaja i Dovodochnaja Baza (Schukowski Flugerprobungs- und Entwicklungs Basis) nach Moskau. Am 5. Juni 1969 durchbrach die Tu-144 in 11.000 m Höhe erstmals die Schallmauer und am 26. Mai 1970 erreichte sie in 16.300 m Flughöhe eine Geschwindigkeit von 2.150 km/h. Fünf Tage zuvor wurde auch die Geheimhaltung dieses Projekts aufgehoben und der SST auf dem Flughafen Moskau-Scheremetjewo erstmals der Öffentlichkeit vorgestellt. Im Juni 1971 war die Tu-144 wieder zu Gast beim Aerosalón in Le Bourget, diesmal jedoch in Originalgröße. Der Prototyp SSSR-68001 war neben der ebenfalls ausgestellten Sud Aviation/BAC »Concorde« einer der Höhepunkte dieser Luftfahrtmesse und erhielt den ASCC-Code »Charger«. Voller Enthusiasmus sah man bei der Aeroflot bereits eine große Flotte von SST im Einsatz stehen und so wurden bei der GAZ-64 in Woronesch die Vorbereitungen für eine Serienfertigung angeordnet. Inzwischen hatte die Tu-144 als Ergebnis der Flugerprobung zwei kleine zusätzliche, ausschwenkbare Flügel hinter dem Cockpit erhalten, welche das Flugverhalten bei geringen Geschwindigkeiten – z.B. bei der Landung – verbesserte. Auch wurden die Triebwerke des Prototyps bei der Serienversion durch Kusnezow NK-144A mit je 20.000 kg Schubleistung ersetzt. Bei der ausgiebigen Flugerprobung hatte sich jedoch herausgestellt, dass der Treibstoffverbrauch der Tu-144 um einiges höher war als erwartet. War die Ersparnis von Treibstoff in diesen Jahren für die Aeroflot noch kein Thema, so wirkte sich der hohe Treibstoffverbrauch jedoch auch negativ auf die Reichweite des SST aus, denn anstatt der erwarteten 6.500 km hatte die Tu-144 in der Praxis anfangs eine Reichweite von maximal nur 3.500 km und konnte daher eine Reihe von Städten im Osten und Südosten der Sowjetunion von Moskau aus ohne Zwischenlandung nicht erreichen – und ein Tankstopp machte einen Großteil des durch den Überschallflug erzielten Zeitgewinns zunichte. Um das Unglück komplett zu machen, stürzte beim Aerosalón des Jahres 1973 die zweite Serienmaschine SSSR-77102 während ihrer Vorführung vor 300.000 Besuchern ab und riss dabei ihre Besatzung in den Tod. Dieses Unglück sorgte für Schlagzeilen in der Weltpresse. Es wurde allerdings kein Unfallbericht seitens der Sowjetunion herausgegeben und die Unfallursache der Tu-144 ist bis heute Thema verschiedener Spekulationen – so wird u.a. ein Pilotenfehler vermutet. Zu diesem Zeitpunkt – der Firmengründer Andrej N. Tupolew war im Dezember des Vorjahres verstorben – waren fünf Serienflugzeuge fertiggestellt und fünf weitere in Bau. Noch im selben Jahr musste Aleksei A. Tupolew, der erst kurz zuvor die Nachfolge seines Vaters als Generalkonstrukteur beim OKB angetreten hatte, das SST-Programm abgeben und wurde bis zur Beendigung des Programmes im Jahr 1990 als Hauptverantwortlicher an diesem Fehlschlag angesehen. Am 26. Dezember 1975 nahm SSSR-77106 als erste Tu-144 den Frachtdienst zwischen Moskau und Alma Ata (Almaty) auf aber bereits fünf Jahre später wurde die Maschine außer Dienst gestellt und kam ins Luftwaffenmuseum Monino. Mit fünf Jahren Verspätung wurde am 1. November 1977 schließlich der Passagierdienst zwischen Moskau und Alma Ata, der Hauptstadt von Kasachstan, aufgenommen. Am 28. Mai 1978 stürzte eine weitere Tu-144 bei der Erprobung neuer Triebwerke ab und am folgenden Juni wurde der Liniendienst zwischen Moskau und Alma Ata überraschend eingestellt. Um den Treibstoffverbrauch zu senken und die Reichweite der Tu-144 zu erhöhen entwickelte das KB Kolesow das RD-36-51A-Strahltriebwerk mit 20.000 kg Schubleistung, welches ohne Nachbrenner eine Reisegeschwindigkeit von 2.200 km/h erreichen konnte und für die Version Tu-144D vorgesehen war. Diese Variante flog erstmals im November 1974, gelangte jedoch nicht in den Dienst der Aeroflot. Unter der Bezeichnung Typ 101 erflog die SSSR-77114 im Juli 1983 noch zwei Geschwindigkeits- und einen Höhenrekord. Alle frühen Exemplare der Tu-144 wurden abgewrackt oder für die Boden-

Im Auftrag der NASA und einiger amerikanischen Flugzeughersteller flog diese Tu-144LL im Jahr 1996.

schulung beim KAI (Kasan Lufftfahrt Institut) oder KhAI (Kharkow Lufftfahrt Insitut) verwendet und die später gebauten Maschinen, ausgerüstet mit drei verschiedenen Triebwerksvarianten, wurden in eingeschränktem Rahmen bei der Zhukovskaja Letnaja i Dovodochnaja Baza zur Erforschung der Ozonschicht und als Unterstützung beim Buran-Programm eingesetzt. Im November 1993 unterzeichnete eine Gruppe, bestehend aus der NASA (National Aeronautics and Space Administration) sowie den Firmen Boeing, McDonnell-Douglas und Rockwell-Collins, mit Beteiligung von Deutschland, Frankreich, Großbritannien und Japan einen Leasingvertrag für eine Tu-144D im Rahmen eines gemeinsamen Forschungsprogrammes betref-

Der Prototyp der Tu-144 SSSR-68001, hier aufgenommen am 5. Juni 1971 beim Aerosalón in Le Bourget, war einer der Höhepunkte dieser Luftfahrtmesse. Foto: Harold Thiele

fend einem SST der zweiten Generation. Zu diesem Zeitpunkt flogen die Tu-144 schon seit einigen Jahren nicht mehr und außerdem waren die Kolesow RD-36-51A-Strahltriebwerke nicht mehr verfügbar – also musste die auserwählte RA-77114 zuerst beim OKB Tupolew mit Unterstützung der Aeroflot gründlich überholt werden und erhielt dabei vier Kusnetzow NK-321-Triebwerke des Überschallbombers Tu-160 eingebaut. Das nun als Tu-144LL bezeichnete »fliegende Laboratorium«, welches 1996 seinen zweiten Jungfernflug absolvierte, war die letzte im Einsatz stehende Maschine ihres Typs und gleichzeitig auch jene, welche die längste Reise – von Russland in die Vereinigten Staaten – unternahm.

Tupolew Tu-22M (Tu-106, Tu-145, JuM, PM, 45-01, 45-02, 45-03)

Flugzeugtyp:	Tupolew Tu-22M
Verwendungszweck:	strategischer Bomber
Besatzung:	4
Antrieb:	zwei Kusnezow NK-25-Strahltriebwerke mit je 25.000 kg Schub
Spannweite:	23,30 m bzw. 34,28 m
Länge:	42,46 m (ohne Tanksonde)
Höhe:	11,05 m
Flügelfläche:	183,58 m²
Leergewicht:	78.000 kg
max. Startgewicht:	122.000 kg
Höchstgeschwindigkeit in Bodennähe:	1.050 km/h
in 11.000 m:	1.900 km/h (normale Zuladung); 2.327 km/h (ohne Zuladung)
Reisegeschwindigkeit:	930 km/h
Startgeschwindigkeit:	370 km/h
Landegeschwindigkeit:	285 km/h
Gipfelhöhe:	13.300 m (mit max. Zuladung); 15.000 m (ohne Zuladung)
Steigrate:	15 m/sec.
Einsatzradius:	2.200 km (normale Zuladung)
in Bodennähe:	1.650 km (max. Zuladung)
in großen Höhen:	2.000 km (3 Marschflugkörpern)
Überführungseichweite:	ca. 7.000 km
Startstrecke:	2.050 m
Landestrecke:	1.450 m
Bewaffnung:	eine zweiläufige 23 mm-MK GSch-23 (M2, -3) bis zu 22.000 kg Abwurflasten, auch nukleare

Da die V-VS mit der Tupolew Tu-22K nicht wirklich zufrieden war, forderte sie eine verbesserte Version. Daraufhin begann man 1964 beim OBK 156 Tupolew mit den Arbeiten an einer Weiterentwicklung der Tupolew Tu-22 »Blinder«, welche erst zwei Jahre zuvor an die V-VS ausgeliefert worden war. Auf eigene Kosten setzte das OKB zwei Projektgruppen auf diesen Auftrag an. Die erste Gruppe entwickelte die Tu-106, eine Art von Tu-22K mit schwenkbaren Tragflächen, deren Prototyp am 30. Mai 1969 erstmals flog. Die andere Projektgruppe arbeitet an einem radikal veränderten Flugzeug, welches als Tu-145 bezeichnet wurde und ebenfalls Schwenkflügel hatte. Bei einem Vergleich erwies sich die Tu-145 leistungsfähiger als die Tu-106 und obwohl die 145 keine Ähnlichkeit mehr mit der Tu-22K mehr hatte, entschied man sich beim OKB 156 für die Weiterführung dieses Entwurfs, der auch JuM bzw. PM genannt wurde. Da die Tu-145 aber nie offiziell in Auftrag gegeben wurde, erhielt sie auch keine neue Bezeichnung, sondern wurde Tu-22M (Modernizirowannji) genannt. Der Sohn des Firmengründers, Aleksei A. Tupolew meinte damals dazu, dass diese Weiterentwicklung zu einem neuen Flugzeug als bloße Modifikation der Tu-22 getarnt werde, habe politische Gründe. Im Jahr 1966 nahm der Prototyp des nun 45-01 genannten Flugzeugs Gestalt an und erhielt zwei Kusnezow NK-144-22-Strahltriebwerke mit je 22.000 kg Schubleistung eingebaut. Diese Triebwerke waren eine militärische Version jener Aggregate welche in etwas schwächerer Auslegung das Überschall-Passagierflugzeug Tu-144 antrieben. Neben modernerer elektronischer Ausrüstung, wie der modernsten Version eines Radars für Naviagion und Bombenwurf, wurde die Tu-22M auch mit

Da die Tu-22M »Backfire« ohne staatlichen Auftrag auf Eigeninitiative des OKB Tupolew entwickelt wurde und auf der Tu-22 »Blinder« basierte, erhielt sie keine eigene Bezeichnung, denn als Tu-26 wurde sie fälschlicherweise nur im Westen indentifiziert. Foto: via Dipl.Ing. Jerzy Butkiewicz

einem LAS-5M-Schlauchboot im Rumpf hinter dem Cockpit ausgerüstet. Der Prototyp hatte keine Defensivbewaffnung, verfügte jedoch auf der Oberseite der Nase über zwei kleine Scheinwerfer, welche eine Luft-Luft-Betankung über die in der Mitte des Bugs angebrachten Tanksonde auch nachts ermöglichten sowie über einen Bremsfallschirm. Am 30. August 1969 startete erstmals der Prototyp mit der OKB-Bezeichnung Tu-22M0 bei der GAZ-124 in Kasan. Von der Tu-22M0 wurden bis Ende 1972 insgesamt zehn Prototypen gebaut – einer für statische Versuche und neun für die Flugerprobung. Der letzte der zehn Prototypen erhielt die neu entwickelten Kusnezow NK-22-Strahltriebwerke mit je 22.000 kg Schubleistung sowie im Heck eine ferngesteuerte, zweiläufige GSch-23 Maschinenkanone von V. P. Grjasew und A. P. Schipunow montiert. Im Juli 1970 wurde einer der Prototypen in Monino und ein weiterer in Kiew von einem amerikanischen Spionagesatelliten fotografiert und der Typ erhielt daraufhin den ASCC-Code »Backfire«, wobei die ersten acht Tu-22M0 kurz danach als »Backfire-A« bezeichnet wurden. Mit der Tu-22M1 bzw. 45-01 erschienen Anfang 1971 zehn Vorserienflugzeuge, die den Prototypen sehr ähnlich waren. Die letzte Tu-22M1wurde nochmals modifiziert und war danach identisch mit der ersten Serienversion Tu-22M2 (45-02) des Jahres 1974. Die Tu-22M2 hatte eine normale Zuladung von 12 t konventioneller Bomben von je 100 bis 5.000 kg Gewicht, konnte jedoch insgesamt bis zu 22 t Zuladung mitführen. Weitere Bewaffnungsvarianten waren zwei bis vier atomare Freifall-Bomben bzw. sechs nukleare Marschflugkörper Raduga Ch-15P- (AS-16 »Kickback«) auf drehbaren Revolverstartern oder je drei Raduga Ch-22-Marschflugkörper (AS-4C »Kitchen«) bzw. drei Raduga Ch-26 (AS-6 »Kingfish«) unter Tragflächen und Rumpf. Im Juni wurden die ersten »Backfire« ausgeliefert und die ungefähr 250 Tu-22M2, welche im Westen »Backfire-B« genannt wurde, gingen zu etwa gleichen Teilen an die V-VS und die AV-MF. Am 20. Juni

Die Tupolew Tu-22M3 wurden in Afghanistan und in Tschetschenien für Flächenbombardements eingesetzt. Foto: via Dipl.Ing. Jerzy Butkiewicz

1977 flog erstmals der Prototyp 45-03, welcher zur nächsten Serienversion Tu-22M3 mit modifizierten Triebwerken, die bei größerer Leistung weniger Treibstoff verbrauchten sowie modernerer Elektronik, führte. Die Flugerprobung dieser neuen Variante wurde 1980 abgeschlossen und danach kam die Tu-22M3 für die Einsatzerprobung zum 185. Garde Fliegeregiment, welche bis 1986 andauerte. Ein Jahr davor erschien mit der Tu-22MR eine Aufklärungsversion für die AV-MF. Im scharfen Einsatz standen Tu-22M2 erstmals zwischen Dezember 1987 und Oktober 1988 in Afghanistan, bei Flächenbombardements aus großen Höhen. Bis zum Dezember 1992 wurden ungefähr 130 »Backfire-C« ausgeliefert sowie die meisten Maschinen der vorhergehenden Version M2 auf den M3-Standard nachgerüstet. Eine geplante Weiterentwicklung zur Tu-22M4 wurde aus budgetären Gründen allerdings aufgegeben. Da die Tu-22M über einen Einsatzradius von knapp 5.400 km verfügte, war sie auch Thema der Abrüstungsgespräche im Rahmen von SALT-2 und es wurde vereinbart, durch die Entfernung der Tankstutzen die Reichweite dieses strategischen Bombers zu verringern. Die im Westen für die »Backfire« ebenfalls gebräuchliche Bezeichnung Tupolew Tu-26 war während dieser SALT-2-Gespräche eine reine Vermutung der Amerikaner, die sich in der westlichen Welt teilweise noch bis heute hält. Aufgrund des qualitativen Sprungs nach vorne dachte man auch im Kreml über eine Neubennenung der Tu-22M nach und es war die Bezeichnung Tupolew Tu-32 im Gespräch. Nach der »Wende« führten russsiche Tu-22M Flächenbombardements im Tschetschenien-Krieg durch und wurden 2008 auch im Konflikt um Südossetien eingesetzt, wobei eine Tu-22M3 durch die Flugabwehr Georgiens verloren ging. In diesem Jahr waren von Russlands 141 Tu-22M3 nur mehr 83 einsatzbereit, es ist aber geplant, 30 Tu-22M3 zur weiterentwickelten Version Tu-22M3M aufzuwerten, die über ein neues Laserzielsystem verfügt und auch die modernsten Lenkwaffen und Marschflugkörper zum Einsatz bringen soll.

Bei ausgeschwenkten Tragflächen hat die Tu-22M eine Spannweite von mehr als 34 m. Foto: via Dipl.Ing. Jerzy Butkiewicz

Auch die Ukraine betreibt als einer der »Erben« der ehemaligen Sowjetunion Tupolew Tu-22M »Backfire«.

Tupolew Tu-160 (Flugzeug 70)

Flugzeugtyp:	Tupolew Tu-160
Verwendungszweck:	strategischer Bomber
Besatzung:	4
Antrieb:	vier Kusnezow NK-321-Strahltriebwerke mit je 25.000 kg Schub
Spannweite:	35,60 bis 55,70 m
Länge:	54,10 m
Höhe:	13,10 m
Flügelfläche:	332,00 m²
Leergewicht:	110.000 kg
max. Startgewicht:	275.000 kg
Höchstgeschwindigkeit in Bodennähe:	1.030 km/h
in 11.000 m:	2.000 km/h; 2.220 km/h (ohne Zuladung)
Reisegeschwindigkeit:	850 km/h
Gipfelhöhe:	15.544 m
Steigrate:	70 m/sec.
Reichweite:	12.300 km
Überführungsreichweite:	17.400 km
Einsatzradius:	10.500 km (mit 9.000 kg Zuladung); ca. 6.000 km (max. Zuladung)
Startstrecke:	ca. 2.000 m
Landestrecke:	ca. 1.600 m
Bewaffnung:	keine Defensivbewaffnung; bis zu ca. 16.500 kg Abwurflasten, auch nukleare

Als Antwort auf das amerikanische B-1-Programm fiel im Jahr 1973 der Entschluß zur Entwicklung des Flugzeug 70, welches Jewgeni Wlasow, ein Oberst der V-VS als »eine teure Gegenmaßnahme« bezeichnete und das zum bisher schwersten Kampfflugzeug mit der größten Triebwerksleistung in der Luftfahrtgeschichte werden sollte. Das OKB Alexei A. Tupolew wurde beauftrag, ohne Rücksicht auf die Kosten den bestmöglichen strategischen Bomber zu entwickeln und auch als am 30. Juni 1977 die Arbeiten an der Rockwell B-1A eingestellt wurden, blieb die Forderung der sowjetischen Führung nach einem Prototyp weiter bestehen. Während der Prototyp des als Tu-160 bezeichneten Schwenkflügelbombers in Schukowski gebaut wurde, war die Serienfertigung in Kasan geplant. Als Antrieb kamen vier Kusnezow NK-321-Strahltriebwerke mit je 25.000 kg Schubleistung zum Einbau. Die Außenhaut der mit neuester Elektronik ausgerüsteten Tu-160 besitzt einen Radarstrahlen absorbierenden Überzug und als Standardbewaffnung waren sechs Raduga Ch-15P-Marschflugkörper sowie zweimal zwölf RKV-500B-Luft-Boden-Lenkwaffen auf insgesamt drei Revolverstartern in zwei Waffenschächten vorgesehen. Am 19. Dezember 1981 – dem Geburtstag des damaligen Generalsekretärs der KPdSU, Leonid Iljitsch Breschnew – hob der Prototyp in Ramenskoje, 10 km von der Schukowski Flugerprobungs- und Entwicklungs Basis entfernt, erstmals ab. Dem ersten Prototyp folgten zehn weitere, die sich alle in Kleinigkeiten voneinander unterschieden und 1985 authorisierte man die Serienfertigung in Kasan. Am 2. August 1988 wurde in Kubinka eine schneeweiße Tu-160 einer amerikanischen Delegation vorgeführt und erhielt den inoffiziellen Spitznamen »Weißer Schwan«. Im Oktober und November des folgenden Jahres stellte eine andere Maschine mit der Bezeichnung 70-03 zwei Geschwindigkeitsrekorde auf, denen ein Jahr später weitere fünf Rekorde betreffend Flughöhe und Zuladung folgten. Der Bomber hatte inzwischen den ASCC-Code »Blackjack« erhalten. 1979 begann auf ehemaligen Tu-134 der Aeroflot, die mit der Radarnase der Tu-160 ausgerüstet und danach als Tu-134UBL und Tu-134BSch bezeichnet wurden, die Schulung von Piloten und Navigatoren/Bombenschützen für den neuen Überschallbomber. In Tambow schulten die Tu-160-Besatzungen gemeinsam mit jenen der

Als Antwort auf die amerikanische Rockwell B-1 wurde die Tupolew Tu-160 entwickelt, deren Prototyp am 19. Dezember 1981 erstmals abhob. Foto: via Dipl.Ing. Jerzy Butkiewicz

Tu-22M »Backfire«. Im April 1987 wurde der neue Typ einsatzbereit und im folgenden Jahr wurden die Tu-160 erstmals zur 24 Stunden-Alarmbereitschaft für atomare Angriffe eingeteilt. Die Bewaffnung der »Blackjack« bestand nun aus zwölf nuklearen Ch-55 (AS-15B »Kent«), Ch-555, Ch-101 oder aus 24 konventionellen Ch-15 (AS-16 »Kickback«) Luft-Boden-Flugkörpern. Auch kann kann der Bomber vier bis sechs nukleare Freifall-Bomben oder acht bis 64 konventionelle Bomben von 250 bis 1.500 kg Gewicht mitführen. Die ungefähr 13.000 kg mitgeführten Treibstoffes erlauben bei einer Zuladung von 9 t einen Einsatzradius von 10.500 km. Ihren ersten Flug über die eigenen Staatsgrenzen hinaus unternahm eine Tu-160 im Mai 1991, als sie über dem nördlichen Polarmeer entlang Nordnorwegens flog und

Nach der »Wende« wurde jede Tu-160 auf den Namen einer Persönlichkeit der russisch/sowjetischen Geschichte getauft.

Anfang des Jahres 1992 wurde die Serienfertigung der Tu-160 »Blackjack« aus budgetären Gründen eingestellt.

dabei eine Weile von General Dynamics F-16 der Kongelige Norske Flyvåpen begleitet wurde. Anfang des Jahres 1992 verkündete der neue russische Präsident Boris Nikolajewitsch Jelzin das Ende der Serienfertigung der Tu-160, wobei von 100 geplanten Maschinen bis zu diesem Zeitpunkt ungefähr 35 gebaut worden waren. Mit der Auflösung der Sowjetunion befanden sich seit August 1991 auf der nun ukrainischen Luftwaffenbasis Priluki 19 Tu-160, gemeinsam mit 575 nuklearen Marschflugkörpern Ch-55 und 15 älteren Atomwaffenträgern des Typs Tu-95MS. Diese atomare Streitmacht der Ukraine war in den folgenden Jahren immer ein heikles Verhandlungsthema zwischen Russland und der Ukraine. Zwar trugen die Tu-160 in den 1990er Jahren ukrainische Markierungen, doch war aufgrund technischer Probleme und der Weigerung Russlands die benötigten Ersatzteile zu liefern, von einer Einsatzbereitschaft der ukrainischen Bomber keine Rede. Da auch die ukrainischen Besatzungen mit dem russischen Überschallbomber nur schwer zurecht kamen, sank die Einsatzbereitschaft der »Blackjack« schnell auf Null und da man in der Ukraine am Erhalt einer atomaren Bomberflotte ohnehin nicht interessiert war begann man – zum Leidwesen der russischen Nachbarn – im Jahr 1998 mit der Verschrottung dieser Bomber. Da nach der »Wende« insgesamt nur sechs Tu-160 auf russischem Staatsgebiet verblieben waren, konnte der Kreml im Winter 1999/2000 gegen Verrechnung noch offener ukrainischer Schulden für Erdgaslieferungen, die Auslieferung von acht der noch vorhandenen neun Tu-160, der letzten drei Tu-95MS sowie aller 575 Ch-55-Marschflugkörper aushandeln. In der Ukraine blieb nur eine einzige Tu-160 zurück, die in einem Museum in Poltawa ausgestellt wurde. Im Jahr 2001 kam eine weitere Tu-160 zur russischen Luftwaffe, doch stürzte am 18. September 2003 eine Maschine ab, so dass sich der russische Gesamtbestand wieder auf 14 Flugzeuge verringerte. Am 5. Juli 2006 wurde mit einer neu gebauten Tu-160M eine modifizierte Version an die russischen Streitkräfte übergeben. Mitte des folgenden Jahres erhielt Russland seine weitere Tu-160 und im selben Jahr begann ein Modernisierungsprogramm für die frühe Variante. Am 29. April 2008 wurde eine weitere, seit der »Wende« neu gebaute Tu-160 in die russische Bomberflotte eingereiht und der Betrieb dieses Typs gilt bis 2040 als gesichert. Es ist geplant, alle ein bis zwei Jahre eine neue »Blackjack« fertigzustellen, so dass die russische Luftwaffe zwischen 2025 und 2030 insgesamt ungefähr 30 dieser Bomber betreiben sollte.

Der prolongierte russische Staats- und Ministerpräsident Wladimir Putin im Cockpit einer Tu-160, August 2005.

Tupolew Tu-204 (Tu-206, Tu-214, Tu-216)

Flugzeugtyp:	Tupolew Tu-204/ Tu-214
Verwendungszweck:	Mittel- und Langstrecken-Passagierflugzeug
Besatzung:	2 – 3
Antrieb:	zwei Awiadwigatel (Solowjew) PS-90A-Mantelstromtriebwerke mit je 16.000 kg Schub (Tu-204-100, -300, Tu-214); zwei Rolls-Royce RB 211-535E4-Triebwerke mit je 19.580 kg Schub (Tu-204-120)
Spannweite:	42,47 m
Länge:	46,22 m
Höhe:	13,88 m
Flügelfläche:	168,60 m²
Leergewicht:	56.500 kg (Tu-204-100)
max. Startgewicht:	103.000 kg (Tu-204-100)
Reisegeschwindigkeit in 10.650 m:	850 km/h
ökonomisch:	810 km/h
Landegeschwindigkeit:	240 km/h
Gipfelhöhe:	12.505 m
Reichweite:	4.900 km (Tu-204-100, -120); 6.670 km (Tu-214); 9.250 km (Tu-204-300); 4.000 km (Tu-204SM)
Zuladung:	24.840 kg (als Frachtflugzeug); 170 – 214 Passagiere (Tu-204-100, -120, Tu-214)

Im Jahr 1982 begann sich das MGA (Ministerstvo Grazhdanskoi Aviatsji = Ministerium für Zivilluftfahrt) mit der Frage nach einem Nachfolger für die Tupolew Tu-154 zu beschäftigen, denn diese stand bereits seit zwölf Jahren in Produktion, in denen sich die Elektronik und die Triebwerkstechnik weiterentwickelt hatten. Auch hatte die ICAO inzwischen neue Vorschriften zur Verringerung des Triebwerkslärms von Passagierflugzeugen erlassen, die im Ausland auch für die Flugzeuge der Aeroflot galten. Noch im selben Jahr begannen beim OKB Alexei A. Tupolew unter der Leitung von Leo Aronowitsch Lanowski die Arbeiten an dem neuen Passagierflugzeug Tu-204, das für 60.000 Flugstunden in 20 Jahren Dienstzeit vorgesehen war und somit doppelt so lange fliegen sollte, wie die Tu-154. Von Anfang an war geplant, auch westliche Technik in das neue Flugzeug zu integrieren. Nachdem die Aeroflot für 1988 einen Bedarf von 350 Maschinen angekündigt hatte und man einen Gesamtbedarf von insgesamt 500 Tu-204 sah, begann 1985 die Bauphase des Prototyps. Die Tu-204 war für jenes Marktsegment bestimmt, in dem sich auch der Airbus A 321, die Boeing 737-

Eine Tupolew Tu-204-100 der Cubana im Landeanflug.

Sechs Farbbildschirme ersetzen bei der Tupolew Tu-204 einen Großteil der Instrumente.

900 und die Boeing 575 bewegen. Allerdings war das Hauptproblem der Tu-204, dass sie um 10 bzw. 13 t schwerer war, als der A 321 und die B 737. Am 2. Januar 1989 hob die Tu-204 erstmals ab, während sich drei weitere Zellen für statische und Verschleißtests in Bau befanden. Bei dem Airliner kam die modernste Technik zum Einbau, z.B. ein Fly-by-Wire Flugsteuerungssystem, ein Head-up Display und die meisten Fluginstrumente wurden durch sechs Farbbildschirme ersetzt. Weiters besitzt das Flugzeug ein vollautomatisches Landesystem und bei einer Variante britische Rolls-Royce RB-211-Strahltriebwerke. Trotz zahlreicher Bestellungen war die Serienfertigung der Tu-204 Ende 1999 für mindestens ein Jahr lang unterbrochen. Die mit russischer Avionik versehene Basisvariante Tu-204-100 wurde seit 1995 bei der Firma Aviastar in Uljanowsk gebaut und von zwei Solowjew PS-90A-Mantelstromtriebwerken von je 16.000 kg Schubleistung angetrieben. Die Tu-204-100C ist eine Transportversion der 204-100 mit einer Frachttür und kann zwischen acht und zwölf Paletten in zwei verschiedenen Größen aufnehmen. Um die Konkurrenzfähigkeit im Westen zu erhöhen verfügt die Tu-204-120 über westliche Avionik und wird von zwei Rolls-Royce RB 211-535E4-Triebwerken von je 19.580 kg Schubleistung angetrieben. Die 204-120 flog erstmals im Oktober 1998 und ihre Serienfertigung begann noch im selben Jahr. Die Frachtvariante davon heißt Tu-204-120C und die Tu-204-122 ist eine Version der 204-120 mit Rockwell-Collins Avionik. Als Tu-204-200 wird eine schwerere Version der 204-100 bezeichnet, die für größere Reichweite mit zusätzlichen Treibstofftanks ausgerüstet ist. Die Tu-204-200C ist wieder eine Frachtvariante und die Tu-204-222 ist eine Version der 204-200 mit der Avionik von Rockwell-Collins. Die Tu-204-100 und -200 werden seit einiger Zeit auch mit neueren PS-90A2-Triebwerken angeboten, bei denen sich die Wartungsintervalle um ca. 40% verlängern. Die Tu-204-220 und -220C sind ebenfalls für längere Strecken

Die Tupolew Tu-206 (im Bild ein Modell) wurde aus der Tu-204 entwickelt und diente als Forschungsflugzeug für Erdgasantrieb.

Die koreanische Fluglinie Air Koryo betreibt mindestens drei Tupolew Tu-204-300.

geeignet und als Version mit Pratt & Whitney PW 2240-Triebwerken war die Tu-204-230 vorgesehen. Die Tu-204-300, welche ihren Jungfernflug am 18. August 2003 absolvierte, hat einen um 6 m kürzeren Rumpf, ist mit Awiadwigatel (vormals Solowjew) PS-90-A2-Strahltriebwerken ausgerüstet und ihre Serienproduktion begann 2005. Die Tu-204-400 wird auch als Tu-204SM bezeichnet und ist um vier bis fünf Tonnen leichter als die Tu-204-100. Sie besitzt ein Zweimann-Cockpit, ein neues Flugkonstrollsystem und neben anderen Modifikationen auch eine Klimaanlage von Liebherr. Damit soll die SM ihre Chancen als Konkurrenzmuster zum Airbus A 321 erhöhen. Der Jungfernflug der Tu-204SM erfolgte am 29. Dezember 2010. Als direkter Konkurrent der Boeing 737NG ist die Kurzstreckenversion Tu-204-500 gedacht und steht seit 2011 in Produktion. Die aus der Tu-204 entwickelten Tu-206 und Tu-216 waren Versuchsflugzeuge, von denen das erste mit Erdgas und das zweite mit Wasserstoff betrieben wurde. Das erstmals am 21. März 1996 geflogene Mittelstreckenflugzeug Tu-214 ist eine Weiterentwicklung der 204 für viele Aufgabenbereiche und wird seit Anfang 2001 gebaut. Ihre Kabine kann in Passagier-, in Fracht- oder in gemischter Passagier- und Frachtkonfiguration eingebaut werden. Auch eine VIP-Variante ist vorgesehen. In ihrer Langstreckenversion hat die Tu-214 eine Reichweite von 8.150 km und mit Zusatztanks bewältigt sie 9.075 km. Die Tu-214C3 ist eine sogenannte »quick-change«-Version und kann in kurzer Zeit von einem Frachtflugzeug zu einem Airliner mit Zweiklassen-Bestuhlung umgerüstet werden. Anfang Juni 2009 wurden die ersten beiden in Kasan gebauten Tu-214SR als Reiseflugzeuge für die russische Regierung ausgeliefert.

Die Tupolew Tu-214 ist eine Weiterentwicklung der Tu-204 und wird in mehreren Kabinenkonfigurationen ausgeliefert. Foto: via Dipl.Ing. Jerzy Butkiewicz

Tupolew Tu-24

Im Jahr 1993 überraschte das OKB Tupolew mit einem leichten STOL-Flugzeug für einen Piloten und bis zu fünf Passagiere – oder entsprechender Zuladung an Fracht. Als Antrieb war ein Bakanow M-14P Neunzylinder-Sternmotor, eine Weiterentwicklung des Iwschenko AI-14-Triebwerks, mit knapp 400 PS Leistung vorgesehen. Die Tu-24 besaß ein starres Fahrwerk, wurde in ihrer Agrarversion als SCh (CX) bezeichnet und führte einen Sprühmittelbehälter im hinteren Teil ihrer Kabine mit. Auf der Mosaeroshow des Jahres 1993 wurde auf der Schukowski Flugerprobungs- und Entwicklungs Basis ein mock-up der Tu-24CX ausgestellt. Da aber über einen Erstflug bzw. eine Weiterentwicklung dieses Agrarflugzeuges bisher im Westen nichts bekannt wurde ist anzunehmen, dass dieses Projekt eingestellt wurde.

Flugzeugtyp:	Tupolew Tu-24
Verwendungszweck:	Agrarflugzeug
Besatzung:	1
Antrieb:	ein Bakanow M-14P Neunzylinder-Sternmotor mit 395 PS Leistung
Spannweite:	13,00 m
Länge:	9,25 m
Flügelfläche:	28,00 m²
Leergewicht:	990 kg
max. Startgewicht:	2.100 kg
Reisegeschwindigkeit:	ca. 200 km/h
Spray-Geschwindigkeit:	130 km/h
Gipfelhöhe:	11.100 m
Überführungsreichweite:	2.000 km
Startstrecke:	180 m
Landestrecke:	100 m
Zuladung:	900 kg oder bis zu 5 Passagiere

Tupolew Tu-334

Flugzeugtyp:	Tupolew Tu-334
Verwendungszweck:	Kurz- und Mittelstreckenverkehrsflugzeug-Prototyp
Besatzung:	2
Antrieb:	Progress D-346T-Mantelstromtriebwerke mit je 7.500 kg Schub
Spannweite:	29,70 m
Länge:	31,26 m
Höhe:	9,38 m
Flügelfläche:	83,20 m²
max. Startgewicht:	47.900 kg
Reisegeschwindigkeit:	800 – 820 km/h
Gipfelhöhe:	11.100 m
Reichweite:	3.150 km (9.250 kg Zuladung); ca. 4.000 km (5.500 kg Zuladung)
Zuladung:	66 – 102 Passagiere

Als Nachfolger der Tupolew Tu-134 begannen Anfang der 1990er Jahre die Arbeiten an der Tu-334. Im August 1995 wurde das Flugzeug, welches zur Kategorie der Fokker F 100 gehört, der Öffentlichkeit vorgestellt aber der Erstflug erfolgte aufgrund finanzieller Probleme erst am 8. Februar 1999. Den Antrieb besorgen zwei Progress (ZMDB/Zaporozheje/Lotarew) D-346T-Mantelstromtriebwerke mit je 7.500 kg Schubleistung. Zwar waren drei Erprobungsmuster der Tu-334 geplant, jedoch aufgrund der schwierigen wirtschaftlichen Verhältnisse in Russland verzögerte sich das Projekt in den folgenden Jahren und erhielt seine Typenzulassung erst am 30. Dezember 2003. Bis zum Dezember 2006 lagen von verschiedener Fluglinien insgesamt 55 fixe Bestellungen der Basisversion Tu-334-100 sowie zahlreiche weitere Kaufabsichtserklärungen zur Ablöse der veralteten Typen Iljuschin Il-62 und Tupolew Tu-154 vor. Im November 2007 bestellte auch die russsische Regierung sechs Tu-334, von denen vier eine VIP-Ausstattung erhalten sollten und im selben Jahr sollte auch die Serienfertigung beginnen. Es verstrichen viele Monate und am 31. Juli 2008 wurde bei der Tupolew OAO (Oktritoje Aktioniernoje Obschchiestwo = Offene Aktiengesellschaft), die inzwischen Teil des Teil des russischen Luftfahrtkonsortiums OAK (Obedinjonnaja Aviastroitelnaja Korporazija = Vereinigte Flugzeug Gesellschaft) geworden war bekanntgegeben, dass die Produktion der Tu-334 nun im Januar 2009 aufgenommen werde – doch auch dieser Termin verstrich, ohne dass eine Serienfertigung begann. Im Verlauf des Jahres 2009 wurden alle unter dem Dach des russischen Luftfahrtkonsortiums OAK in Entwicklung stehenden Flugzeugprojekte auf ihre internationale Wettbewerbsfähigkeit hin überprüft und da die Tu-334 mit ihren beiden Prototypen bereits einige Jahre ihrem Zeitplan hinterherhinkte, wurde das Projekt im August 2009 aufgegeben.

Augrund wiederholter finanzieller Schwierigkeiten verzögerte sich die Entwicklung und Serienfertigung der Tupolew Tu-334 von 1995 bis Anfang 2009. Foto: via Dipl.Ing. Jerzy Butkiewicz